Les Aéroplanes de 1914-1915

Librairie Aéronautique
40, Rue de Seine, 40
Paris

LES AÉROPLANES DE 1914-15

VOLUMES PRÉCÉDEMMENT PARUS

Les Aéroplanes de 1910, par R de Gaston . . . . 4 »

Les Aéroplanes de 1911, par R. de Gaston. . . . . 6 »

Les Aéroplanes de 1912, par R. de Gaston et Alex. Dumas . . . . 8 »

Les Aéroplanes de 1913-1914, par Alex. Dumas et R. Desmons. . . . . 8 »

Les

Aéroplanes de 1914-15

Étude technique, avec plans cotés, des principaux aéroplanes

PAR

Alex. DUMAS
Ingénieur E. C. P.

R. DESMONS
Ingénieur-Conseil

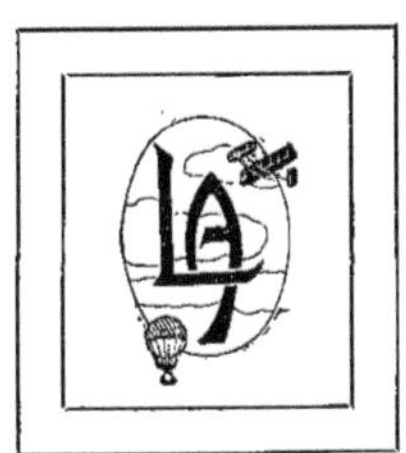

Librairie Aéronautique
ÉDITEURS
PARIS, 40, rue de Seine, 40, PARIS

PREMIÈRE PARTIE

LES APPAREILS FRANÇAIS

BATHIAT-SANCHEZ	GOUPY
BLÉRIOT	MORANE-SAULNIER
BOREL	MOREAU
BRÉGUET	NIEUPORT
CAUDRON	PONNIER
CLÉMENT-BAYARD	REP
DEPERDUSSIN	SCHMITT
H. FARMAN	VENDOME
M. FARMAN	VOISIN

AÉROPLANES BATHIAT-SANCHEZ

La nouvelle firme Bathiat-Sanchez a succédé aux anciens établissements Sommer qui lui ont légué leurs brevets et leur exploitation.

Des appareils Sommer proprement dit, un seul a été conservé. C'est le monoplan type F, qui est devenu le monoplan Bathiat-Sanchez type E.

Parmi les créations nouvelles, nous ne citerons que le biplan exposé au dernier salon, et dont la ligne hétéroclite a valu à la marque le sobriquet amusant de « Sanchez-bizarre ».

MONOPLAN TYPE E

Cet appareil dérive directement, ainsi que nous l'avons signalé, du monoplan Sommer type F, qui lui-même était le résultat de modifications apportées à un premier appareil passablement bricolé.

Le premier monoplan construit par Sommer était formé, effectivement, de deux ailes Blériot authentiques adaptées sur un fuselage établi par le nouveau constructeur. Et, petit à petit, ce plagiat parvint à acquérir une forme un peu personnelle; de sorte que, en passant des mains de Sommer à celle de MM. Bathiat et Sanchez-Besa, cet appareil, gagnant quelques qualités nouvelles, est parvenu à rivaliser, au point de vue constructif et au point de vue aérodynamique, avec les meilleurs.

Ses caractérisques générales sont les suivantes :

Surface portante	16 mq.
Poids à vide	260 kgs.
Longueur	7 m. 100
Envergure	8 m. 900
Puissance	50 HP.
Vitesse moyenne	110 km. h.
Charge utile	150 kgs.

BATHIAT-SANCHEZ

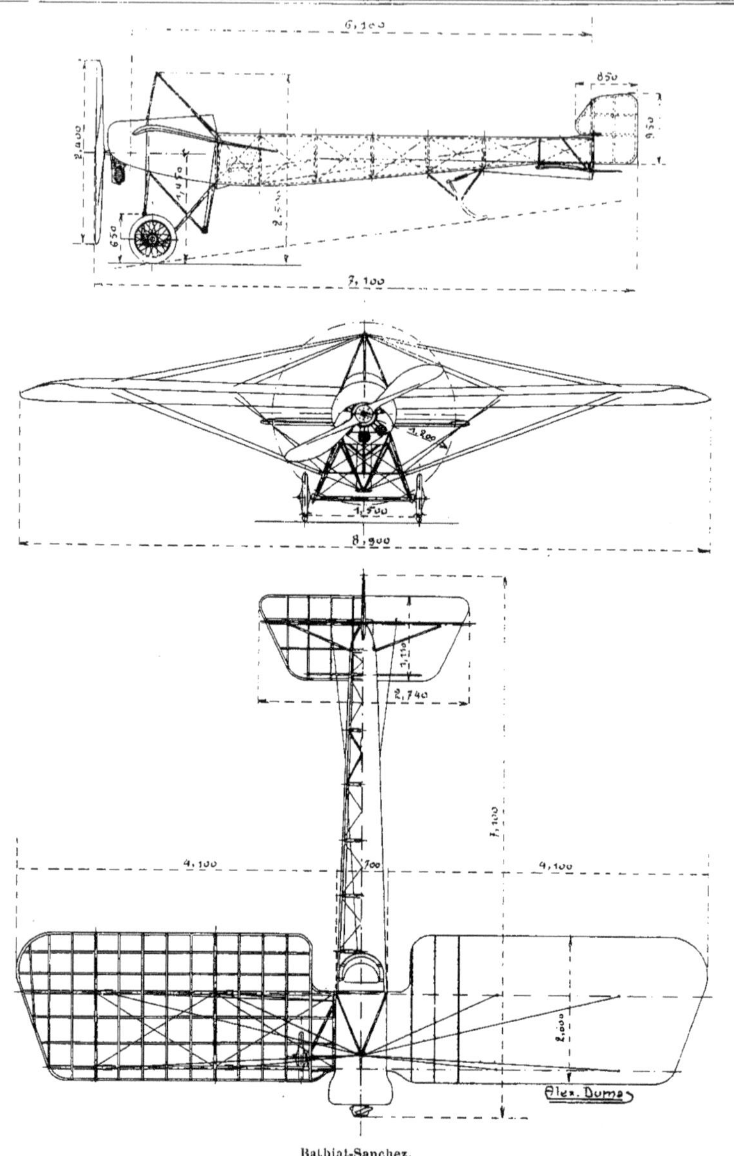

Bathiat-Sanchez.

Fuselage. — Le fuselage est de section quadrangulaire; sa ligne générale est assez plaisante à l'œil. Entièrement entoilé, selon les tendances nouvelles, il présente une courbe ventrale assez accentuée, rappelant un peu celle du « Morane-Saulnier. »

Ce fuselage est entouré, à l'avant, de panneaux de tôle d'aluminium articulés à charnières,

Monoplan Bathiat-Sanchez. Châssis d'atterrissage.

pour permettre la visite facile des organes annexes du moteur et l'accès du robinet d'essence.

Le moteur, en principe un 50 HP Gnôme, est placé à l'avant, en porte-à-faux ; il est supporté par deux flasques en tôle d'acier qui renforcent en même temps le fuselage.

Châssis d'atterrissage. — Le châssis, dérivé de l'ancien chassis Sommer, se compose de deux roues montées sur essieu unique. Cet essieu est relié aux cadres latéraux trapézoïdaux du châssis par de puissantes bagues de caoutchouc.

Le haubannage avant des ailes est frappé sur les montants avant du bâti, qui sont entretoisés par une barre assemblée judicieusement. Certains techniciens désavouent formellement une telle disposition. Leurs arguments, il faut le reconnaître, sont d'une certaine puissance. Le châssis d'atterrissage, en effet, supporte des chocs très violents.

Il lui arrive même assez fréquemment de subir des avaries graves. Solidariser les ailes de cet organe, c'est aller au-devant de déréglages continuels de la voilure.

Il faut constater néanmoins que ce procédé de montage est très souvent employé, et qu'il ne présente de réels inconvénients que lorsqu'il est mal établi, ce qui n'est pas le cas ici.

Voilure. — Les ailes, à double courbure, sont très bonnes au point de vue aérodynamique. Leurs excellentes qualités ont permis de leur donner une incidence décroissante de l'attache vers les extrémités ; de sorte que, grâce à cette application de l'aile « tordue », la stabilité latérale est excellente.

Leurs haubans, étudiés avec soin, sont en

Biplan Bathiat-Sanchez. Montage du moteur.

câbles d'acier à haute résistance ; fixés sur des cosses en bronze étamé, ils travaillent dans d'excellentes conditions.

Les pylônes de haubannage et de gauchissement sont pyramidaux à base triangulaire. Ils ont été établis pour permettre un démontage rapide et un réglage facile.

Dispositions générales et confort. — Grâce au capot qui recouvre le moteur, le pilote est parfaitement abrité contre toutes projections. Assis dans un siège capitonné, il a sous les yeux tous les organes de contrôle désirables.

sous les plans, et suspendues élastiquement par le moyen de tubes télescopés **c** rappelés par un faisceau de puissants extenseurs **f**. Les roues sont elles-mêmes montées sur un essieu brisé **a** qui prend appui sur un patin central extrêmement robuste **b**. Ce patin est une véritable pièce de charpente qui va vers l'avant supporter deux

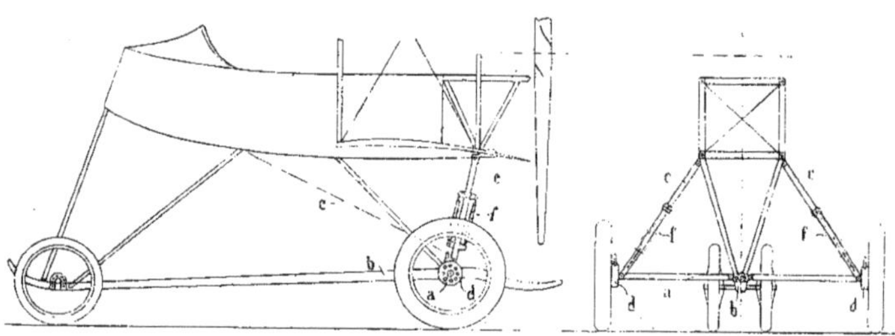

Détail du châssis du biplan Bathiat-Sanchez

grosses roues disposées au-delà du nez du fuselage.

Normalement, l'appareil repose sur ses quatre roues, de sorte qu'il n'y a, à proprement parler, aucune béquille arrière. Néanmoins, l'extrémité postérieure du patin ci-dessus décrit, se recourbe vers le bas, ainsi qu'il est visible sur les photographies, pour permettre de freiner utilement lors des atterrissages cabrés. Les roues principales sont d'ailleurs pourvues d'un frein **d** actionné par le pilote au moyen du tirant **e**.

Des organes stabilisateurs ou de direction, nous ne dirons rien sinon qu'aucun empennage fixe n'a été prévu et que l'ensemble de la charpente arrière est encombré d'une foule de tendeurs et de haubans au milieu desquels il serait certainement utile d'opérer une sélection dans le but de simplifier considérablement cet ensemble compliqué.

L'empennage fixe réuni au fuselage par quatre tubes d'acier, est absolument indéréglable. Il est protégé à l'atterrissage par une béquille extra-souple qui évite les déformations de fuselage dans les atterrissages freinés.

BIPLAN MÉTALLIQUE

Le biplan Bathiat-Sanchez exposé au Salon de 1913 est, en lui-même, fort intéressant. Il est construit en tubes d'acier à la manière de Gabriel Voisin. Le fuselage, de grandes dimensions, comportait un 70 HP Renault remplacé ultérieurement par un 80 HP Gnôme entre paliers. Cette dernière disposition a conduit à interposer entre le moteur et l'hélice une démultiplication qui ne diffère pas de celle adoptée par Voisin et Caudron.

Le pilote et les passagers sont en avant des surfaces. Les roues principales sont disposées

AÉROPLANES BLÉRIOT

S'il nous fallait, en quelques mots, exposer les caractères distinctifs des monoplans Blériot. nous dirions — et cela suffirait — qu'ils doivent à leur inconcevable légèreté des qualités de vol si précieuses et si évidentes que nul ne songe à les contester.

Plusieurs types d'appareils ont été expérimentés au cours de la saison à l'aérodrome de Buc. Cependant, nous nous bornerons à présenter avec quelques détails les deux monoplans militaires de types courants, à une et deux places, construits en série et parfaitement au point, ainsi que le biplan.

Nous ne nous étendrons pas sur les appareils d'études, car ces divers aéroplanes n'ont rien de définitif et sont, malgré les merveilleux résultats qu'ils ont donné aux essais, susceptibles de modifications d'une certaine importance.

Les monoplans militaires Blériot, type 1913-14, procèdent du type XI par leurs dispositions générales, mais comportent les menus perfectionnements de détail que l'expérience de quatre années n'a pas manqué de suggérer.

TYPE XI-2 — TANDEM 80 HP

Dans « les Aéroplanes de 1912 », nous avions réservé un paragraphe au monoplan type XI-2 génie, biplace, dont nous avions donné une vue en tête de chapitre.

Cet appareil, pourvu d'un moteur Gnôme de 70 HP, était le prototype de celui que nous allons étudier.

Plus exactement, et à quelques détails près, le 80 HP ne diffère du 70 HP 1912 que par la puissance de son moteur et le dessin de ses organes de stabilisation et de direction.

Fuselage. — Le fuselage, de section quadrangulaire, est constitué par une poutre rigide en

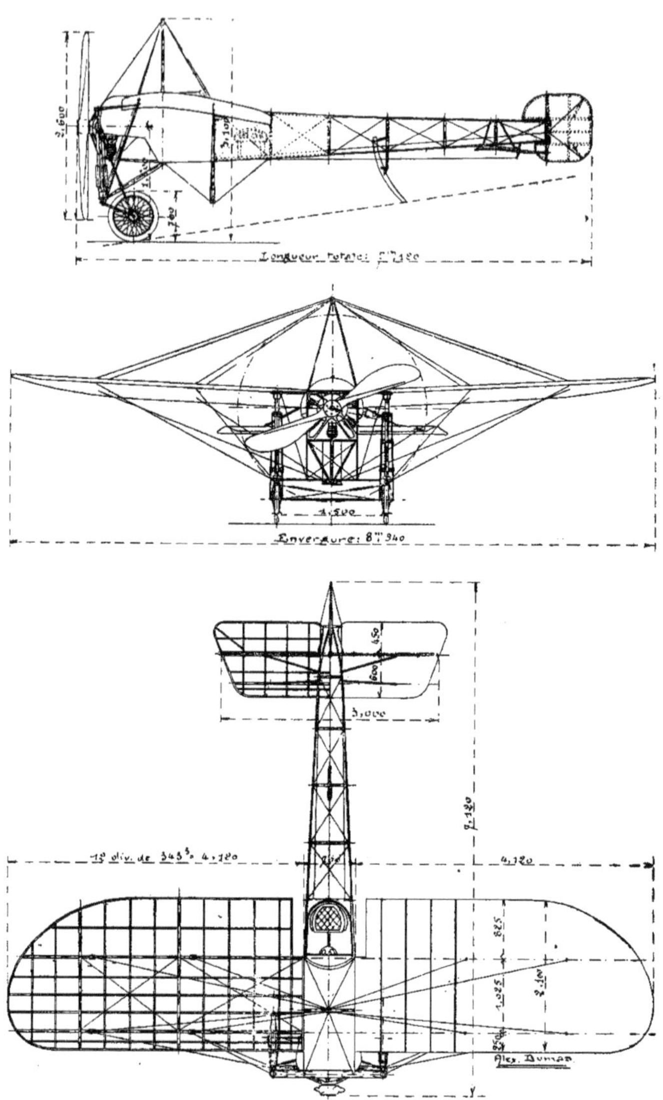

Monoplan Blériot-XI 1914

frêne et sapin croisillonnée par des cordes à piano qui viennent s'attacher sur des étriers en forme d'U, de telle manière que les montants conservent toute leur solidité.

La longueur du fuselage est de 7 m. 357. Il se termine, à l'avant, par une carlingue en tôle emboutie, très légère, destinée à supporter le nez du moteur et à transmettre à l'appareil la traction de l'hélice. Une deuxième carlingue, réglable en position, est disposée 440 m/m en arrière. Le moteur Gnôme de 80 HP est monté entre ces deux pièces. Le fuselage comporte, en arrière du moteur, et dans l'ordre :

Un réservoir d'huile et un autre d'essence, en charge.

Les organes divers de contrôle et de commande et le siège du pilote.

Le siège du passager.

Un réservoir d'essence sous pression.

A partir de ce point, la poutre armée, qui était couverte à l'avant, soit de tôle d'aluminium, soit de toile, est dépourvue de toute protection, afin d'éviter toute surface de dérive nuisible.

Un capot en tôle d'aluminium, s'appliquant sur le fuselage avec interposition de feutre, protège les occupants contre le froid et les projections d'huile. Sa forme est telle qu'elle assure une excellente pénétration et réduit au minimum les surfaces résistantes.

A l'arrière, le fuselage se termine par une arête verticale de 340 m/m, autour de laquelle est monté le gouvernail de direction.

Le système stabilisateur est fixé par quatre tubes de longueur réglable, à la partie inférieure du fuselage et à l'extrême poupe de celui-ci.

Châssis d'atterrissage. — Le châssis d'atterrissage de cet appareil comporte deux roues de 700 m/m de diamètre, orientables, supportant par un assemblage élastique un cadre rigide renforcé, fixé à l'avant du fuselage.

Le cadre fondamental se compose de deux planches de frêne horizontales distantes de 1 m. 220, et reliées entre elles par deux tubes d'acier verticaux dont l'écartement est de 1 m. 500. La planche supérieure est fixée transversalement au sommet du fuselage, et la planche inférieure est réunie à la poutre par un système de contre-fiches judicieusement disposées.

Pour prévenir toute rupture de cette planche, elle est ceinturée par un câble d'acier à haute résistance fortement tendu.

Châssis Blériot. Extenseurs dégrafés.

Le cadre est contreventé par des lames d'acier et des haubans en fil d'acier.

Par mesure de sécurité, et pour empêcher toute rupture du propulseur, tout le haubannage placé dans le voisinage de l'hélice est entouré d'une spirale de fil métallique fin, destiné à maintenir la corde à piano en cas de rupture.

La liaison du châssis à chacune des roues est assurée par un triangle déformable constitué par les deux fourches qui portent la roue et le tube vertical du châssis.

Les trois sommets articulés sont placés :

1° A l'axe de la roue.

2° A la partie inférieure du tube du châssis.

3° Au coulisseau disposé à la partie supérieure du tube. C'est à ce coulisseau que sont fixés les extenseurs ou amortisseurs en caoutchouc attachés d'autre part au bout du tube et qui absorbent les chaos aux atterrissages et pendant le roulement.

Un agrafage particulier de ces extenseurs permet de les libérer au moyen d'un levier. Les roues peuvent alors remonter librement en

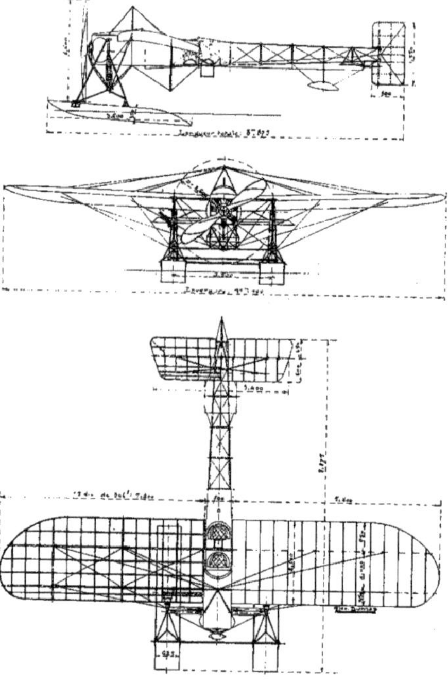

Hydro Blériot, type XI-2

arrière et l'appareil venir reposer sur son châssis, ce qui l'abaisse de 250 m/m et diminue l'encombrement pour les emballages et le transport, rend plus faciles le montage des ailes, la visite du moteur, etc.

Le freinage est obtenu, à l'atterrissage, par le moyen d'une béquille orientable articulée en frêne, qui supporte l'arrière du fuselage, et protège les organes de stabilisation.

Ailes. — Chacune des deux ailes est constituée par deux longerons en frêne réunis par des nervures en sapin.

Le longeron avant a 4 m. 840 de porte-à-faux. Il est terminé par un épaulement cylindrique qui s'enfonce dans un tube fixé au fuselage.

Le longeron arrière, dont le porte-à-faux est de 4 m. 600 est articulé autour d'un axe fixé à un montant spécial de la poutre.

Le bord d'attaque et le bord de sortie des ailes sont parallèles, et sont réunis à leurs extrémités par une courbe de grand rayon.

Quatorze nervures équidistantes réunissent les deux longerons. Les nervures 1, 6 et 11 sont en forme de caisson, et réunies entre elles par des croisillons en corde à piano. Des lattes minces réparties, parallèlement aux bords d'attaque et de sortie, sur la largeur de l'aile en complètent la superstructure.

Les deux faces sont recouvertes de toile de lin très résistante, vernie au moyen d'un enduit spécial imperméable.

Deux attaches en tôle d'acier à haute résistance sont fixées sur chacun des longerons, renforcés en ces points. Elles sont disposées entre les nervures 5 et 6 d'une part, 10 et 11 d'autre part, et servent à la fixation des câbles de haubannage et de gauchissement.

Le haubannage est frappé sur les extrémités inférieures des tubes du châssis. Il est constitué par des câbles d'acier à haute résistance, avec embouts réglables en acier et attaches facilement démontables. Au repos, les ailes sont supportées par le pylône supérieur pyramidal où aboutissent des haubans réglables en câble d'acier et fil à piano.

La flexibilité des ailes permet le gauchissement progressif de leur partie postérieure au gré du pilote, de manière à rétablir la stabilité latérale en diminuant à volonté l'incidence d'une aile et en augmentant celle de l'autre.

Empennage et organes de direction. — L'empennage est constitué à l'arrière de la poutre armée par un plan fixe trapézoïdal ayant une surface de 1 mq 92, continué par deux ailerons postérieurs mobiles formant gouvernail de profondeur, et dont la surface totale atteint 1 mq 44.

Au-dessus et en arrière, un plan vertical mobile autour de son axe, supporté à l'extrémité du fuselage, forme le gouvernail de direction, et sa surface est de 0 mq 88.

Hydro Blériot. Détail de la queue.

Groupe propulseur et réservoirs. — Le moteur est un « Gnôme » rotatif à 7 cylindres de 124 m/m d'alésage et 140 m/m de course, dit type « Lambda » de 80 HP. Le genre de montage des carlingues et du capot facilite l'accès, la visite, le démontage ou le remplacement du moteur.

L'hélice est en prise directe. C'est en principe, une « Intégrale » en bois de noyer superposé.

Un réservoir cylindrique en cuivre pour l'huile et un semblable pour l'essence sont placés sous le capot en arrière du moteur; ce dernier est alimenté par un réservoir sous pression placé derrière le siège du passager.

Commandes et organes de contrôle. — La stabilisation de l'appareil s'effectue par le moyen d'un levier vertical placé entre les pieds du pilote et articulé à la cardan au voisinage du plancher.

Le mouvement avant-arrière commande le gouvernail de profondeur, et le mouvement gauche-droite, actionne, par le moyen d'un arbre intermédiaire de renvoi, les fils de commande du gauchissement.

Les deux mouvements peuvent être combinés.

Un palonnier aux pieds commande le gouvernail de direction.

Tous les câbles ou fils de commande sont doublés, ainsi que les points d'attache.

Une barre mobile devant le siège du pilote permet l'installation facile des instruments de contrôle et de conduite tels que tachymètre, montre, porte-carte, boussole, altimètre, etc...

TYPE XI — 60 HP

Si l'on compare le type XI 1914, au type correspondant de 1910, l'œil profane ne distingue, au premier abord, aucune différence appréciable entre ces deux monoplans.

C'est dire que le monoplan Blériot est resté, quant à son principe, quant à son centrage, ce qu'il était déjà lors de la traversée de la Manche.

Hydro Blériot. Détail du châssis.

La leçon des divers événements survenus depuis cette époque n'a servi qu'à le modifier, quant à ses détails. De sérieux perfectionnements constructifs lui ont donné une robustesse qu'il ne possédait pas, et cela sans l'alourdir sensiblement.

De sorte que cet appareil, monté maintenant avec un moteur Gnôme 60 HP, possède un excédent de puissance considérable auquel il doit

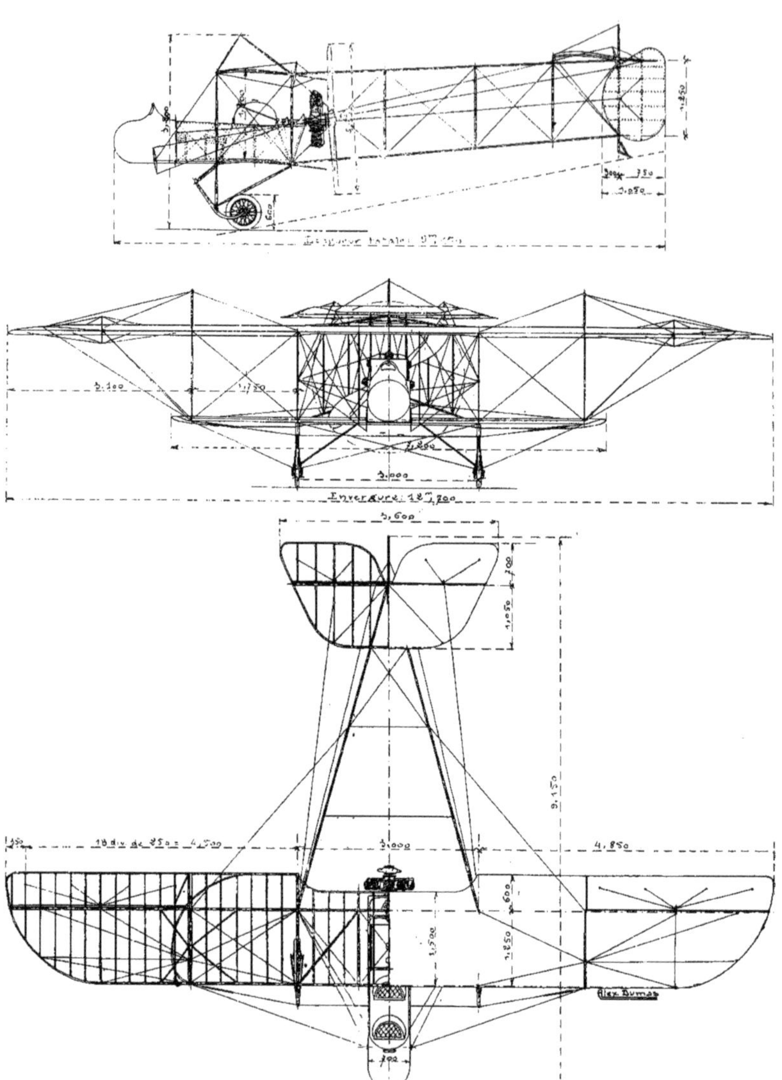

Biplan Blériot, type 40

les qualités de vol qui le font apprécier universellement.

Nous ne répéterons pas ici les détails que nous avons exposés au cours du paragraphe précédent.

Ils sont rigoureusement les mêmes aux dimensions près.

Nous nous contenterons donc de mettre en parallèle les caractéristiques de ces deux appareils.

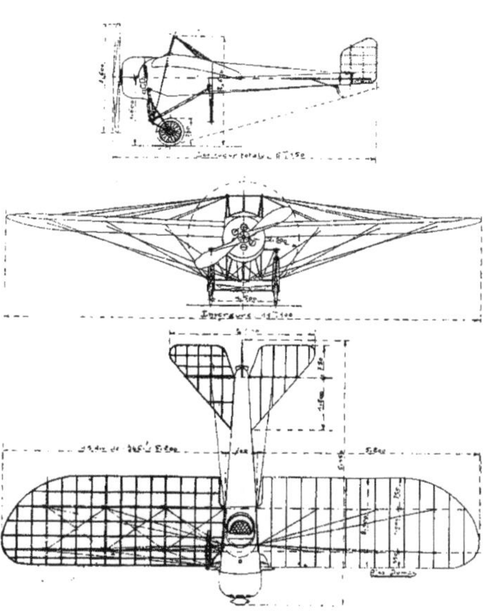

Type 39 blindé — 80 HP.

Cependant, nous noterons que le pylône supérieur du monoplan type XI qui a servi aux expériences de Pégoud est considérablement surélevé, que les haubans supérieurs ont été renforcés pour permettre en toute sécurité, quant à la robustesse de l'appareil, les vols sur le dos, looping et retournements sur l'aile que cet aviateur exécute, grâce à des commandes amplifiées, et qui constituent tout l'attrait de son programme.

TYPE XL — 80 HP

Le Biplan Blériot, type 40, a été étudié pour satisfaire les Administrations militaires désireuses de posséder, en même temps que des monoplans légers et peu encombrants pour les armées en campagne, les engins pouvant porter des charges plus importantes pour le service des places fortes ou camps retranchés, où les questions de volume et de rapidité de montage sont sans grande importance.

C'est un biplan rapide, de petit modèle, bas et ramassé et, bien que démontable, d'une remarquable solidité de construction. Toute la charpente, sauf celle des ailes, est métallique, en tubes ou pièces à profil d'égale résistance et en tôle d'acier emboutie et soudée à l'autogène.

Biplan Blériot, type 40

Les assemblages sont étudiés pour donner un réglage et un démontage rapides des fils de croisillonnement.

Cellule. — La cellule est constituée par deux plans inégaux ; les parties débordantes du plan supérieur sont démontables pour l'emballage et le transport ; elles comportent les ailerons, qui sont conjugués, et par conséquent très puissants pour le rétablissement de l'équilibre transversal.

Les surfaces sont recouvertes de toile de lin d'une résistance moyenne de 1.500 kgs au mètre, tendue et imperméabilisée par un enduit à base de cellulose.

Nacelle. — La nacelle porte, d'avant en arrière : le pilote, le passager, le réservoir et enfin le groupe propulseur.

Un capot hémisphérique en aluminium termine l'avant et se prolonge en un pare-brise pour protéger complètement les aviateurs.

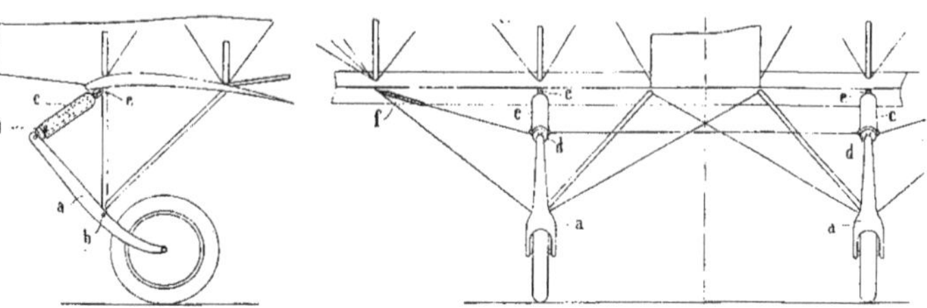

Type 40, ensemble du châssis.

Elle repose sur le plan inférieur qu'elle dépasse fortement en avant, assurant ainsi la plus parfaite visibilité, tant pour le pilote que pour l'observateur, qui est d'ailleurs légèrement surélevé.

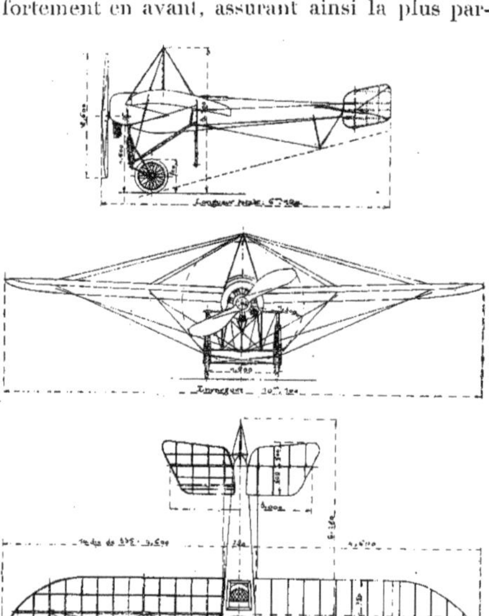

Biplan Blériot, type 43

Châssis d'atterrissage. — Le train d'atterrissage, excessivement simple, robuste et peu résistant à l'avancement, rappelle le châssis « Vendôme » de 1909, mais sa réalisation est de beaucoup plus heureuse.

Un Canard Blériot

Il se compose de deux roues conjuguées, portées chacune à l'extrémité arrière d'une fourche oscillante et orientable, dont les oscillations sous freinées par un puissant ressort de rappel. Ce train, d'une remarquable souplesse, permet à l'appareil d'encaisser sans danger les chocs les plus brutaux et, étant orientable, assure l'atterrissage et l'envol plus faciles dans les terrains exigus, quelle que soit la direction du vent.

Une béquille souple et orientable soutient la queue de l'appareil au repos.

Poutre de réunion et empennage. — La cellule est réunie à l'empennage par une poutre quadrangulaire métallique, constituée par quatre longerons en tube, entretoisés par des montants et traverses. Son arête arrière porte le gouvernail de direction et le stabilisateur est fixé sur sa partie supérieure.

Le stabilisateur, traité dans le même esprit que la cellule, se compose d'un plan fixe, à la partie arrière duquel sont articulés deux volets jouant le rôle de gouvernails de profondeur.

Nous avons dit plus haut que nous ne nous étendrions pas sur l'étude des appareils nouveaux ou des essais tentés dans le courant de la saison. En effet, les aéroplanes d'étude expérimentés à l'aéro-parc de Buc ont été très nombreux : divers « canards », un monoplan à hélice arrière destiné à assurer une visibilité meilleure ; un monoplan à fuselage coque, divers monoplans blindés.

Cependant, et à titre purement documentaire, nous donnons quelques photographies d'un « canard » et de l'appareil à fuselage-coque, type 43.

CARACTÉRISTIQUES GÉNÉRALES

Dans le tableau suivant, nous avons réuni, pour la commodité du lecteur, les dimensions générales des types importants de l'année, avec leurs principales caractéristiques.

MONOPLAN BLÉRIOT LICENCE GOUIN A VISION TOTALE

Nous dirons deux mots du monoplan Blériot modifié par le lieutenant Gouin en appareil à vision totale.

Ce monoplan est comparable au « parasol » de Morane-Saulnier.

Il est caractérisé par ce fait que les ailes sont remontées au-dessus du fuselage et disposées de telle manière que leur bord de sortie soit à la hauteur de l'œil du pilote.

Ainsi l'existence des ailes n'est plus un obstacle à l'observation du terrain survolé ; et leur surélévation est telle que la vue du pilote est entièrement dégagée au-dessus et en avant de lui.

A cette modification près, le « Blériot-Gouin » est identique en tous ses détails au « Blériot XI » de série.

TYPES.	XI monoplan monoplace	XI-2 (hydravion) monoplan biplace	XI-2 hydravion biplace
Surface portante (m. q.)	15	19	19
Poids à vide (kg.)	280	335	360
Charge utile (kg.)	170	250	200
Envergure (m.)	8.900	10.400	11.100
Longueur totale (m.)	7.120	8.387	8.875
Puissance (H.P.)	60	80	80
Réservoirs : essence (l.)	60	100	80
Réservoirs : huile (l.)	20	30	25
Durée de marche (h.)	3	3	2 1/2
Vitesse horaire (km.)	110	110	95
Vitesse d'ascension : 500 m. (min.)	3	5	7
Vitesse d'ascension : 1000 m. (min.)	7	12	18

TYPES.	39 monoplan monoplace blindé	40 biplan — biplace	43 monoplan biplace fus.-coque
Surface portante (m. q.)	19	38	19,3
Poids à vide (kg.)	440	390	350
Charge utile (kg.)	175	300	275
Envergure (m.)	11.100	12.700	10.100
Longueur totale (m.)	6.150	9.150	6.120
Puissance (H.P.)	80	80	80
Réservoirs : essence (l.)	100	100	130
Réservoirs : huile (l.)	30	30	45
Durée de marche (h.)	3	3	4
Vitesse horaire (km.)	120	90	120
Vitesse d'ascension : 500 m. (min.)	5	6	3
Vitesse d'ascension : 1000 m. (min.)	12	15	7

BOREL

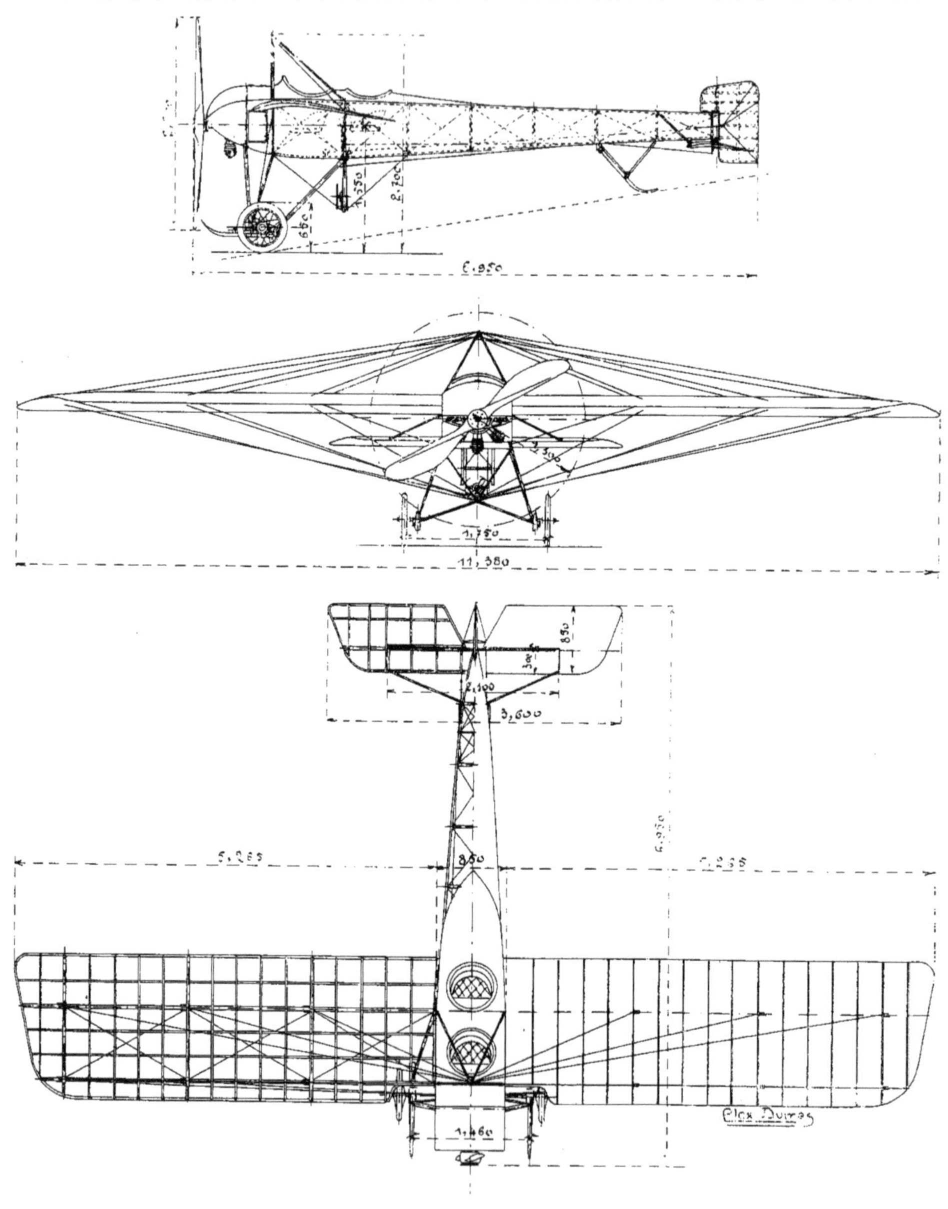

AÉROPLANES BOREL

Nous bornerons l'étude des monoplans Borel à celle de deux types d'avions particulièrement intéressants :

1° Le biplace tandem avec lequel Daucourt accomplit le raid Paris-Le Caire.

2° Le biplace côte-à-côte à hélice arrière fort ingénieusement aménagé et susceptible de remarquables applications militaires.

BIPLACE TANDEM

Cet appareil, extrêmement maniable et peut-être un peu trop sensible, doit son extrême souplesse aux dispositions suivantes :

1° Concentration des masses et abaissement du centre de traction.

2° Absence de dièdre.

3° Voilure à centre de pression rétrograde et à envergure croissante.

4° Corps fuselé.

5° Légèreté de l'appareil et grand excès de puissance motrice.

La concentration des masses a été obtenue en élevant le centre de gravité jusqu'à ce qu'il coïncide sensiblement avec le centre de pression, et aussi en rapprochant le pilote du moteur.

Au point de vue de la sécurité, le constructeur a cherché à dégager le pilote; à cet effet, tout le pylône qui supporte le haubannage supérieur a été rejeté vers l'avant. Les commandes sont doublées et toutes les pièces d'acier qui entrent dans la construction de l'appareil sont forgées.

Seules les pièces qui ne compromettent en aucune façon la sécurité du monoplan sont fondues.

Fuselage. — Le fuselage à section quadrangulaire est entièrement en frêne. Les montants ne comportent aucun trou, les fils tendeurs étant supportés par des cornières en tôle d'acier.

Le fuselage est complètement entoilé; un capot met les aviateurs à l'abri de l'air et des projections d'huile.

Un pylône supérieur en forme de pyramide irrégulière à quatre faces sert d'attache aux câbles supérieurs de haubannage et de soutien aux câbles de rappel du gauchissement.

A l'avant est monté entre deux carlingues le moteur rotatif de 80 HP.

Gouvernails. — Le corps du fuselage se termine à l'arrière par le gouvernail de direction vertical.

Le stabilisateur portant est placé sous le fuselage vers l'arrière et supporté par quatre tubes d'acier. Il se compose d'une petite surface rectangulaire fixe encadrée sur trois faces par un volet mobile formant gouvernail de profondeur.

Ailes. — Les ailes du Borel sont caractérisées par leur grand allongement, c'est-à-dire par le rapport très grand qui existe entre leur envergure et leur longueur antéro-postérieure.

De plus, leur faible courbure et leur faible incidence permettent à l'appareil d'atteindre de grandes vitesses avec une puissance relativement petite.

D'autre part, l'arrondi de leurs extrémités a été déterminé très soigneusement, la plus grande envergure étant vers l'arrière.

Ainsi, les pertes marginales étant diminuées, le rendement de la machine, à surface égale, se trouve augmenté; et le centre de pression s'éloignant du bord d'attaque à mesure que l'on s'éloigne du fuselage, l'appareil présente le V latéral qui lui assure une parfaite stabilité longitudinale.

Les ailes sont gauchissables, et la grande envergure se trouvant vers l'arrière, le gauchissement se montre plus énergique et son action plus immédiate.

Train d'atterrissage. — Quatre jambes de force en frêne supportent deux patins très courts auxquels l'essieu supportant deux roues de 650 m/m est relié par deux amortisseurs en caoutchouc.

BIPLACE TANDEM à HÉLICE ARRIÈRE

Fuselage. — Un fuselage quadrangulaire, très court, est disposé entre les ailes et porte : à l'avant les deux sièges, côte à côte, celui du pilote légèrement décalé en arrière; les réservoirs sont disposés entre les longerons d'ailes; le moteur est entre deux flasques à l'arrière. Monté sur roulement à billes, il est pourvu d'un nez plus long qu'à l'ordinaire, et actionne en prise directe une hélice de 2 m. 600 de diamètre.

Poutre de réunion. — Une poutre de réunion triangulaire, composée de deux longerons inférieurs se raccordant au patinage et d'un longeron supérieur faisant suite au nez du moteur, est destinée à supporter à l'arrière, les organes de stabilisation et de direction.

La stabilisation longitudinale est obtenue par un plan fixe non porteur et par deux plans de profondeur conjugués mesurant chacun 0 m. 600 de largeur et 1 m. 700 d'envergure.

Le stabilisateur est fixé au-dessus du fuselage triangulaire.

Le gouvernail de direction, dont les dimensions sont 0 m. 900×0 m. 550, est placé à l'arrière entre les deux ailerons de l'équilibreur.

Il est commandé du siège du pilote par un palonnier.

Train d'atterrissage. — Le train d'atterrissage se compose de deux longerons protégés par une paire de patins recourbés vers l'avant et abaissés vers l'arrière pour protéger l'hélice, freiner à l'atterrissage et, par le même moyen, supprimer la béquille articulée placée couramment à l'arrière de la plupart des monoplans.

CARACTÉRISTIQUES GÉNÉRALES

	biplace tandem	biplace hélice R.
Surface portante	19 mq.	19 mq.
Poids à vide	340 kg.	350 kg.
Envergure	11m650	11m800
Longueur totale	7m500	7m600
Puissance	80 HP.	80 HP.
Charge utile	250 kg.	250 kg.
Vitesse	115 km	110 km

AÉROPLANES BRÉGUET

Nous étudierons ici deux types d'appareils : l'hydravion à flotteur central et le triplace militaire, dont les essais ont été particulièrement intéressants.

Nous donnerons les détails de construction qui les différencient, et nous verrons que de l'un à l'autre de ces appareils, la construction a sensiblement évolué.

HYDRAVIONS A FLOTTEUR CENTRAL

Voilure. — L'aile de cet appareil comporte un seul longeron, un gros tube d'acier en l'espèce, situé dans la partie la plus épaisse de l'aile, au tiers environ de sa largeur à partir du bord avant.

Les nervures sont enfilées sur ce tube.

Autrefois, c'est-à-dire jusqu'à l'an dernier, elles étaient articulées autour de cet axe, et susceptibles d'opérer une rotation de quelques degrés sous l'influence de la pression de l'air. Cette disposition, donnant en vol un équilibre automatique de chaque tranche longitudinale de l'aile, conduisait à de sérieuses difficultés de montage.

Pour simplifier la construction et le réglage de ses appareils, M. Louis Bréguet a provisoirement renoncé à l'articulation des nervures sur le longeron principal.

Elles sont donc fixées d'une manière rigide, par une sorte d'encastrement.

Il s'ensuit que l'ensemble de l'aile devient, au repos, indéformable, au même titre que la plupart des autres avions. Le gauchissement de ces ailes impliquerait une torsion du longeron, ce qui est inadmissible. Cette considération a conduit M. Bréguet a adopter la stabilisation trans-

BRÉGUET

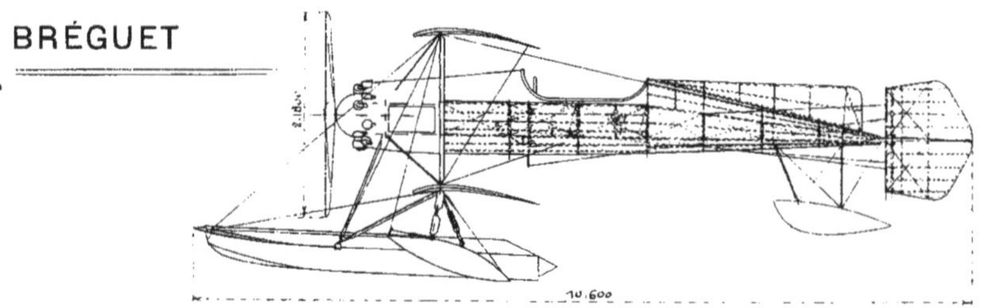

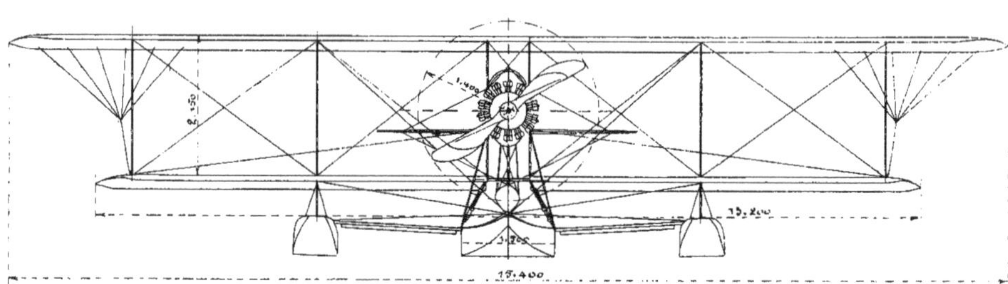

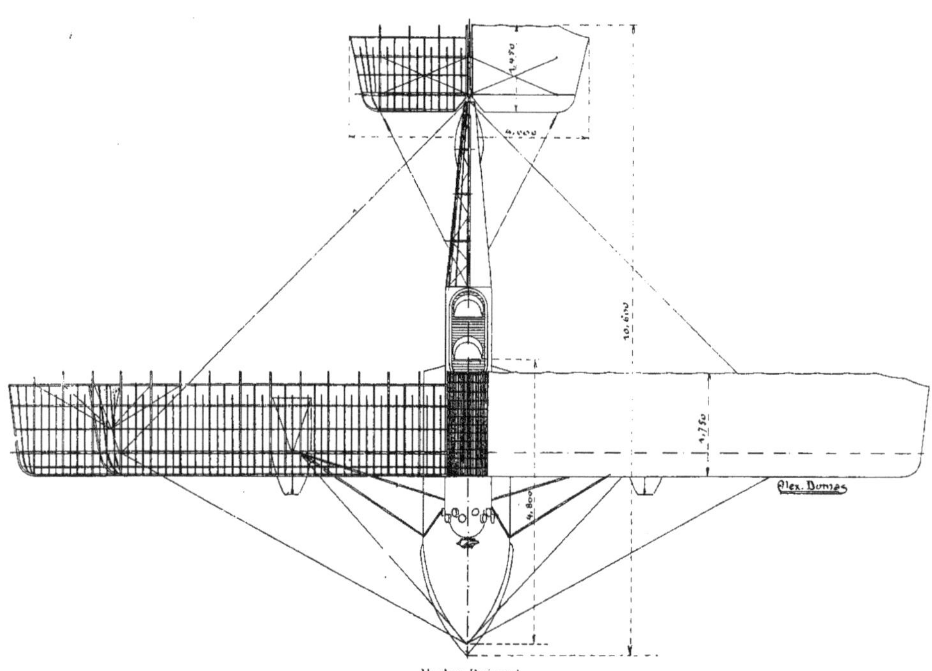

Hydro Bréguet

versale par ailerons conjugués. Six montants verticaux formés de tubes d'acier, réunissent entre elles les ailes supérieures et inférieures, les deux montants du milieu portant en même temps le fuselage.

La carcasse d'acier étant plus robuste nécessite peu de fils de soutien ; et tout en gardant un très grand coefficient de sécurité, on a pu réduire au minimum la résistance nuisible à l'avancement.

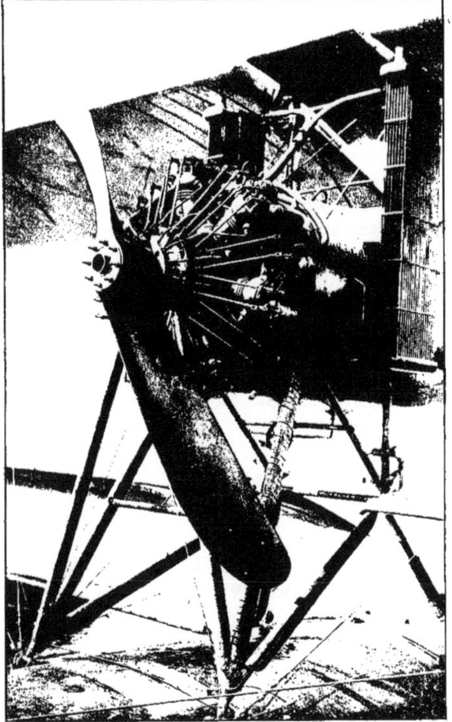

Hydro Breguet. — Montage du moteur

Fuselage. — Le fuselage entièrement recouvert de toile et de panneaux métalliques, se composent essentiellement d'une armature à section quadrangulaire en tubes d'acier à haute résistance. Cette armature est entretoisée au moyen de cordes à piano pourvues de tendeurs appropriés.

Autour de cette carcasse est disposée une série

Poste de pilotage

de cerceaux en bois réunis entre eux au moyen de longerons secondaires extrêmement légers.

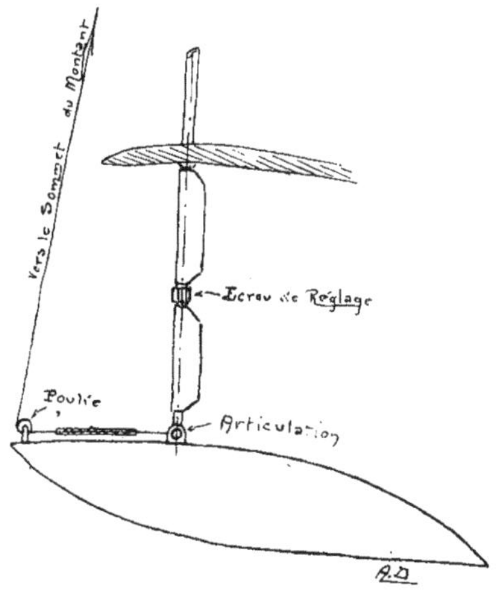

Flotteurs satellites

Le fuselage ainsi constitué porte à l'avant le moteur et, éventuellement, les radiateurs ; les appareils de T. S. F. et de contrôle, le pilote et les passagers.

A l'arrière est disposé le système de gouvernails analogue à celui adopté couramment par la Maison Bréguet.

Flotteurs. — La partie nautique se compose essentiellement de quatre flotteurs, construits par Tellier. Le flotteur central porte, au repos, le poids de tout l'appareil. Pour éviter, ou réduire au minimum les projections d'eau sur les pales de l'hélice, ce flotteur porte à son bord supérieur et sur son périmètre en avant du propulseur une bavette métallique.

L'équilibre transversal, sur l'eau, est assuré par deux flotteurs auxiliaires disposés de part et d'autre du flotteur central et sensiblement au-dessous du milieu de l'aile inférieure.

Le flotteur principal supporte l'appareil par deux paires de montants disposés de chaque côté, venant se fixer d'une part à l'avant du fuselage, d'autre part au longeron principal de l'aile inférieure, pour se réunir sur un axe disposé au-dessus du flotteur et formant articulations.

L'amortisseur oléo-pneumatique, destiné à préserver l'ensemble de la charpente contre les coups de bélier dus aux fortes vagues, est placé sensiblement au tiers arrière.

Chacun des flotteurs latéraux est articulé transversalement à l'extrémité inférieure d'un montant tubulaire caréné de longueur réglable au moyen d'un écrou. Il est retenu dans sa position moyenne par l'intermédiaire de deux extenseurs.

Groupe propulseur. — Le moteur Canton-Unné (Salmson) de 130 ou 200 HP est fixé, comme nous l'avons vu, à l'avant du fuselage, dans un capot réduisant au minimum la résistance à l'avancement et actionne en prise directe l'hélice à deux pales métallisées.

TRIPLACE MILITAIRE

Voilure. — Avec cet appareil, M. Louis Bréguet a repris la voilure à gauchissement. Mais il a, du même coup, abandonné l'aile à longeron unique, pour adopter le montage de cellule à deux séries de montants.

Les montants avant, réunis aux longerons correspondants des deux ailes, sont croisillonnés pour assurer la fixité du bord d'attaque. Les montants arrière sont réunis par des câbles de gauchissement, à la manière de la cellule Wright.

Châssis. — Le châssis à quatre roues qui supporte un fuselage analogue à celui de l'hydravion, comporte deux roues principales montées sur amortisseurs oléo-pneumatiques et réunies, par un châssis articulé, à un essieu avant amorti relié au fuselage par un bâti élastique. Il y a là quelque chose d'analogue à la combinaison Voisin.

Le frein au sol est obtenu par l'intervention d'une béquille articulée supportant le fuselage.

Le montant qui porte le ressort de la béquille est muni de marchepieds permettant l'accès facile du fuselage aux aviateurs.

Commandes. — Les commandes consistent en un volant monté sur un levier mobile en tous sens. Le mouvement AV-AR commande l'équilibreur; les mouvements latéraux agissent sur les ailerons ou le gauchissement. La rotation du volant dirige l'appareil à droite ou à gauche.

Le système stabilisateur d'arrière est cruciforme. Sa carcasse est en tubes d'acier et est rattachée à l'extrémité du fuselage par un joint universel.

Devant servir simultanément à la direction et à la stabilisation longitudinale, il est maintenu en position normale par des ressorts appropriés.

CARACTÉRISTIQUES COMPARÉES DES DIVERS TYPES

	Hydravion 130 HP	Hydravion 200 HP	Triplace militaire
Surface	47 mq.	47 mq.	36 mq.
Poids à vide . .	720 kg.	800 kg.	560 kg.
Envergure . . .	15m200	15m200	13m500
Longueur. . . .	10m400	10m500	8m550
Puissance. . . .	130 HP	200 HP	130 HP
Charge utile. . .	300 kg.	400 kg.	400 kg.
Vitesse.	90 km-h.	95 km-h.	110 km-h

AÉROPLANES CAUDRON

La caractéristique essentielle des aéroplanes Caudron est la construction de leurs ailes au moyen de pennes flexibles encastrées entre les longerons.

Depuis plusieurs années, c'est-à-dire depuis que ces petits appareils ont acquis une vogue bien méritée, ils ont toujours été établis suivant le principe immuable des ailes flexibles et les nombreux succès qu'ils ont remportés ne sont que pour affirmer l'excellence de ce principe.

Que ce soit par leurs monoplans, leurs biplans ou leurs hydros, MM. Caudron Frères ont su en apportant dans l'établissement de leurs divers types des perfectionnements originaux et des dispositifs ingénieux conquérir une place d'honneur sur le marché mondial.

Nous avons eu l'occasion dans l'ouvrage « Les Aéroplanes de 1912 » de décrire particulièrement les monoplans qui étaient à cette époque une formule nouvelle pour les constructeurs de Rue.

En 1913, la construction de ce type a été provisoirement abandonnée : la firme picarde s'est spécialisée dans le perfectionnement des avions-biplans d'une extrême maniabilité et l'étude particulièrement complète de toutes les questions se rattachant à l'hydroaviation.

Nous ne répéterons pas ce que nous avons dit précédemment du Monoplan Caudron ; nous nous contenterons de donner quelques détails sur la construction des nouveaux biplans et hydroaéroplanes.

BIPLAN TYPE MILITAIRE

Le biplan Caudron type militaire ne diffère pas essentiellement de l'appareil employé par l'aviateur Chanteloup pour ses exhibitions aériennes.

Il ne se différencie du type 1912 que par la

CAUDRON

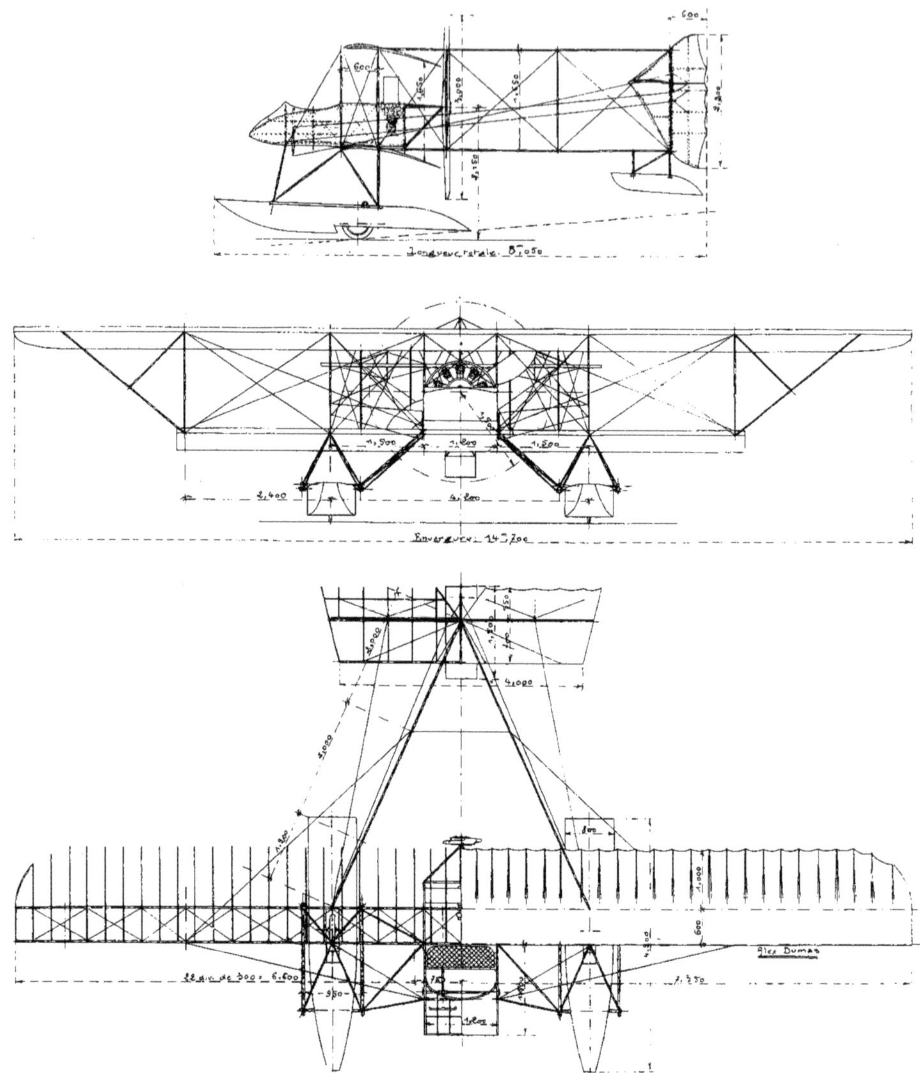

forme de ses gouvernails et de sa nacelle; cet appareil est à hélice tractive et à centres confondus.

Cellule. — Les longerons des ailes sont en tubes d'acier et les nervures entoilées sans solution de continuité, sont susceptibles de déformation par gauchissement sans que leur solidité soit compromise; elles sont d'ailleurs flexibles sur les 2/3 de leur longueur et s'effacent dans le vent autant qu'il est possible. L'envergure du plan supérieur est de 11 m. 940 et la profondeur des ailes de 1 m. 600.

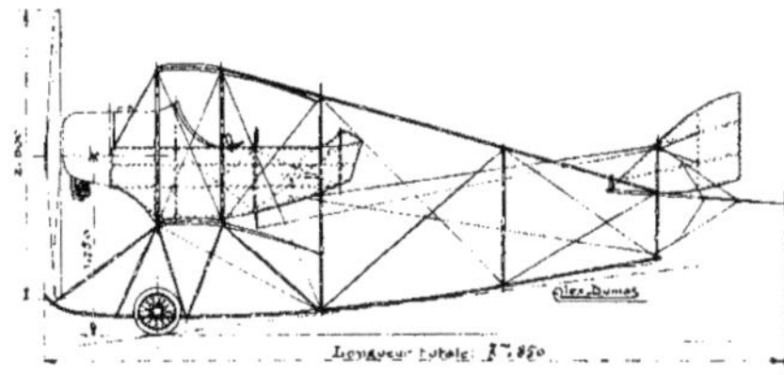

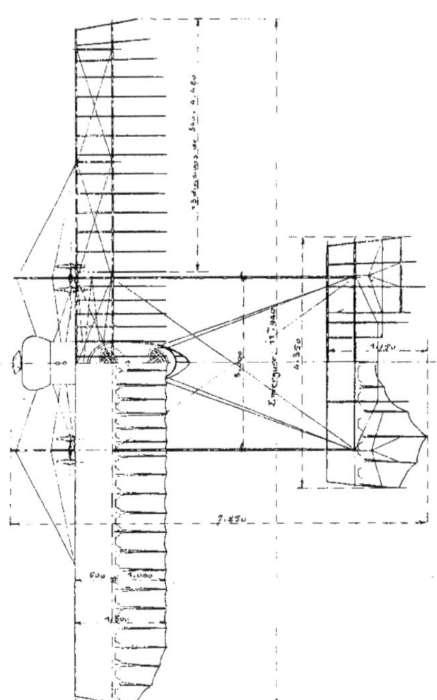

La nacelle est disposée au milieu de la cellule et entre les plans, de telle façon que dans la position d'envoi l'axe de l'hélice soit à 1 m. 750 du sol.

Cette nacelle entièrement entoilée affecte une forme favorable à la bonne pénétration; le pilote est assis tout à l'arrière; en avant de lui est placé le siège du passager éventuel; le moteur rotatif portant l'hélice en prise directe est abrité sous un capot *ad hoc* fixé tout à fait à l'avant.

Poutre de réunion. — La poutre de réunion est caractérisée par ce fait que ses longerons inférieurs servent de patins lors de l'atterrissage; elle se compose de deux fermes verticales disposées dans le sens de la marche et distantes horizontalement de 3 mètres.

Les longerons inférieurs de chacune d'elles passent au-dessous de la cellule à laquelle ils se réunissent au moyen d'un ensemble d'arc-boutants judicieusement haubannés et portent les roues par l'intermédiaire d'extenseurs puissants. Ainsi constitué le châssis d'atterrissage rappelle le châssis Farman dont il présente les avantages et les inconvénients.

Organes de direction. — Le stabilisateur arrière construit suivant le même principe que les surfaces principales, agit par flexion des nervures qui le constituent. Ce système a donné toute satisfaction; il est d'ailleurs analogue, quant à son mécanisme, au gauchissement des ailes.

Les gouvernails de direction sont au nombre de deux; ils sont conjugués. Placés au dessus de l'équilibreur, ils doivent tant à leur forme qu'à leur excellente position de permettre une action très énergique.

La petite surface de dérive qui leur est adjointe est suffisante pour donner une excellente stabilité de route.

HYDROAÉROPLANES

L'hydroaéroplane Caudron type 1914 est totalement différent du biplan militaire, quant à son centrage; en effet, dans cet appareil, le pilote et le passager assis côte à côte sont placés en avant de la cellule tandis que l'hélice tourne à l'arrière

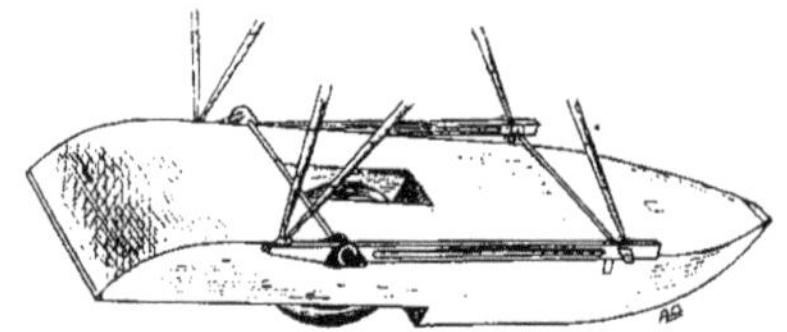

Flotteur Caudron

des plans porteurs et assez loin du centre de gravité de l'appareil pour qu'il n'ait pas été besoin d'entailler les surfaces pour permettre sa rotation.

Flotteurs. — Les flotteurs Caudron adaptés sur le nouveau type d'hydroaéroplane sont caractérisés par le montage d'une roue qui leur est adjointe à titre définitif et dont la présence constitue une inovation absolument originale.

Hydro, type 1914

Le flotteur construit à la manière ordinaire porte en son centre une sorte de mortaise entaillée à hauteur du redan; cette mortaise est assez large pour donner passage à la roue dont l'axe est fixé au flotteur d'une manière invariable; le flotteur lui-même est suspendu élastiquement au châssis de l'appareil.

On conçoit dès lors que l'hydroaéroplane Caudron puisse se comporter sur le sol à la manière d'un avion terrestre; d'autre part la roue se trouve de par sa position particulière dans le remous provoqué par le flotteur de vitesse, de sorte que sa présence n'est pas un obstacle lorsque l'appareil se meut sur l'eau.

Organes de direction. — Le montage des organes de direction diffère essentiellement du montage des mêmes organes dans le biplan militaire. La partie mobile est en effet articulée à charnière à l'arrière des empennages fixes. Néanmoins, pour que les gouvernails soient rappelés automatiquement dans leur position moyenne lorsque le pilote est amené à abandonner ses commandes, des lames métalliques en acier trempé formant ressorts réunissent les empennages et les gouvernails.

Poutre de liaison. — La poutre de liaison destinée à réunir la cellule aux gouvernails de direction affecte en plan la forme d'un triangle dont le sommet postérieur se confond avec l'axe du gouvernail de direction. Ce dispositif est d'ailleurs employé dans la plupart des biplans actuels, conformément aux type créé par Gabriel Voisin en 1912.

CARACTÉRISTIQUES GÉNÉRALES

	type militaire biplan	hydro
Surface portante	32 mq.	40 mq.
Poids à vide	400 kg.	510 kg.
Envergure	11m940	14m700
Longueur totale	7m250	8m050
Charge utile	250 kg.	220 kg
Puissance	60 HP	100 HP
Vitesse	95 km.-h.	90 km.-h.

AÉROPLANES CLÉMENT-BAYARD

Les recherches de l'établissement Clément-Bayard se sont orientées nettement dans la voie des applications militaires. Disposant d'un outillage de premier ordre, qui lui permet de parfaire l'exécution des engins établis dans ses usines, cette firme, une fois admise au nombre des fournisseurs de l'armée, deviendra pour les meilleurs constructeurs un concurrent des plus dangereux.

Nous parlerons de deux monoplans de fabrication récente : le biplace et le monoplace blindé. Nous verrons par quels dispositifs précis ces deux appareils diffèrent.

Mais ils ont un grand nombre de points analogues dont nous traiterons tout d'abord.

DISPOSITIFS COMMUNS

Fuselage. — Le fuselage des monoplans Clément-Bayard est comparable à celui des monoplans Esnault-Pelterie, dont il dérive directement. Entièrement métallique, il est construit en tubes d'acier sans soudures.

La section est pentagonale à l'avant, afin de permettre le logement confortable de tous les organes, moteur, réservoirs, sièges des aviateurs.

A l'arrière des sièges, la section devient triangulaire et va en diminuant jusqu'à l'extrémité qui supporte les gouvernails.

La construction en tubes d'acier étiré sans soudure, assemblés par des raccords, donne un ensemble rigide et parfaitement indéformable, et assure à cette pièce une très grande solidité et une insensibilité complète aux variations atmosphériques. Entièrement recouvert de tôle ou de toile vernie, ce fuselage forme une carène complètement fuselée offrant le minimum de résistance à l'avancement.

Gouvernails. — L'équilibreur arrière est entièrement mobile. Il est constitué par un cadre

CLÉMENT-BAYARD

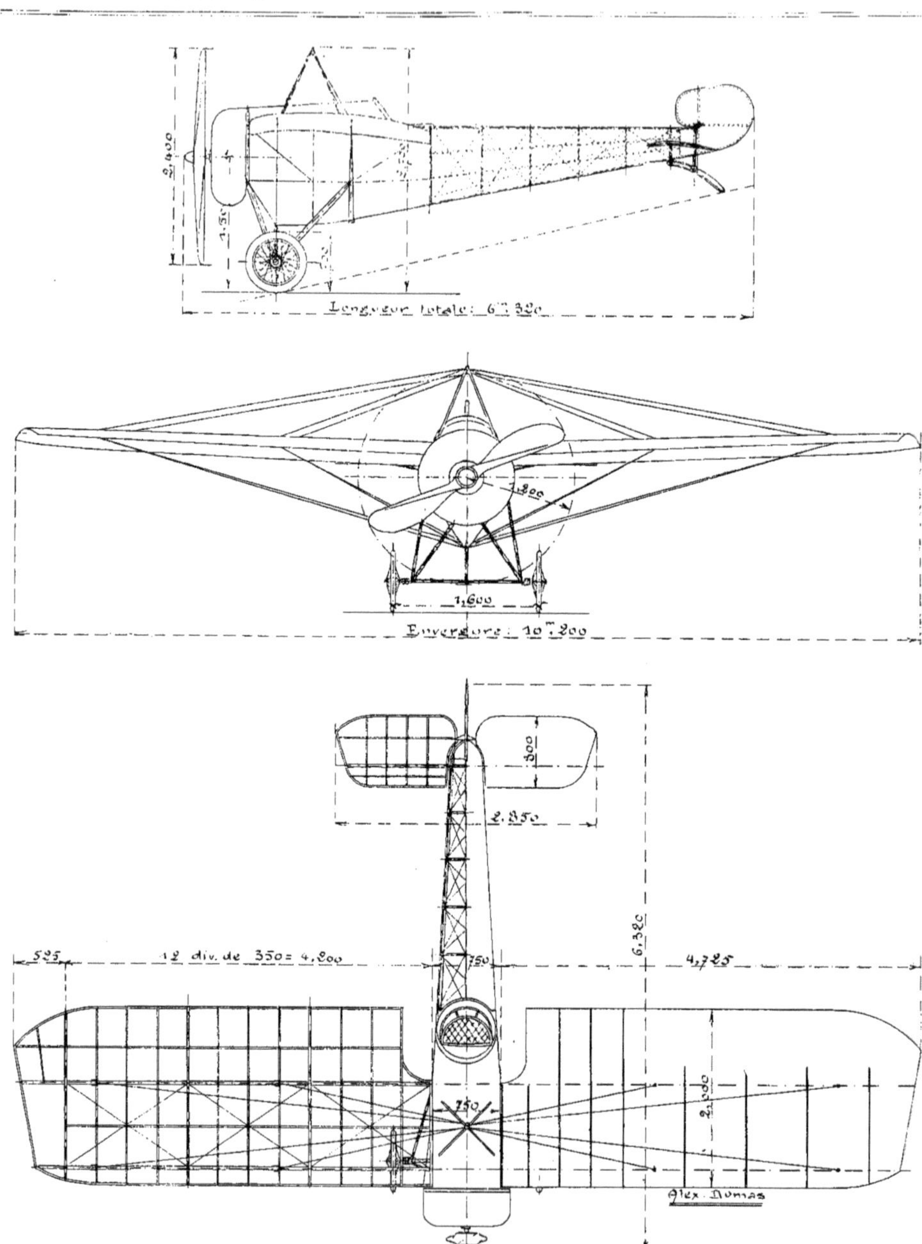

en tubes d'acier sur lequel sont enfilées les nervures qui lui donnent son profil spécial, déterminé légèrement porteur dans sa position moyenne. Ce stabilisateur est équilibré autour de son axe de rotation et un dispositif spécial de griffes et d'écrous en permet le démontage en quelques secondes.

Le gouvernail de direction est également en tubes d'acier, et, par conséquent, indéformable.

Commandes. — Les commandes sont montées de telle manière que les frottements soient réduits au minimum. Les transmissions de mouvement se font par des câbles souples d'acier dont les attaches sont constituées par des épissures faites sur des cosses en buffle. Toutes ces attaches sont montées à cardan, ce qui permet l'articulation complète du câble dans tous les sens.

Les organes de contrôle sont du type dit « instinctif ».

Repliage des ailes. — Pour permettre le repliage des ailes le long du fuselage sans aucun déréglage, les haubans avant inférieurs d'une part, et les haubans avant supérieurs d'autre part sont frappés sur deux pièces maintenues solidaires du châssis par le serrage d'un écrou. Le desserrage de ces deux écrous dégage les haubans avant et permet le repliage des ailes sans qu'aucun axe de fixation des haubans ait été enlevé. Il ne peut donc jamais y avoir de déréglage et la répétition de cette opération ne compromet en rien la solidité ni le bon fonctionnement de l'appareil.

BIPLACE DE TOURISME

Nous donnerons plus loin les dimensions générales de cette machine, qui possède tous les dispositifs décrits précédemment.

Elle est de plus caractérisée par les diverses particularités que nous allons exposer :

Le passager est placé derrière le pilote.

Ainsi, la vue de celui-ci est complètement dégagée et il se trouve dans les mêmes conditions de visibilité avec ou sans passager. Les réservoirs sont placés au centre de gravité de l'appareil, et leur capacité peut être aussi grande que dans un monoplace. Le passager a sous les yeux au même titre que le pilote tous les instruments de contrôle fixés sur le tablier, et la conversation est possible entre les deux aviateurs.

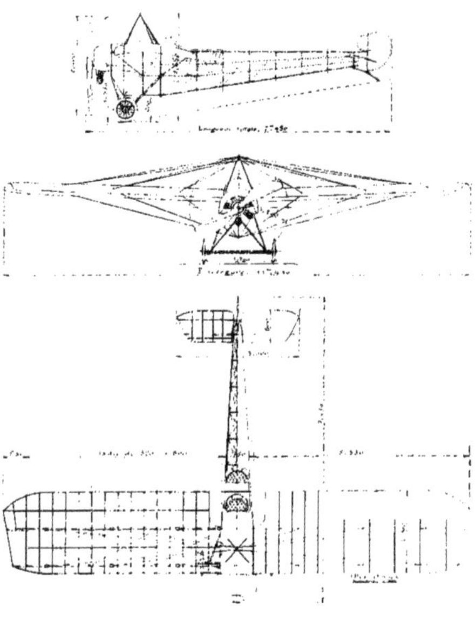

Ailes. — Les ailes sont construites en frêne, et convenablement croisillonnées, de sorte qu'elles sont indéformables en tous sens sauf dans le sens du gauchissement qui se fait librement.

Elles sont réunies au fuselage au moyen d'articulations métalliques, qui joignent à une robustesse très suffisante une grande facilité de démontage. Le haubannage est assuré par des câbles d'acier frappés directement sur le fuselage, et réglables par des tendeurs spéciaux en acier à haute résistance.

Châssis d'atterrissage. — Il est constitué par deux tubes horizontaux, l'un fixe par rapport au fuselage, l'autre mobile et formant essieu. Ces deux tubes sont réunis par deux biellettes et quatre amortisseurs en caoutchouc. La traverse inférieure est réunie au fuselage par quatre tubes d'acier, et l'ensemble du châssis forme un bloc rapidement démontable, fixé au bâti de la machine en trois points par trois écrous.

Aménagements. — Le pilote est assis dans un baquet garni de cuir, un peu trop en arrière. Le passager placé derrière lui, dans un siège analogue, peut observer presque verticalement. Ils ont à leur disposition un récepteur microphonique qui leur permet de converver malgré le bruit.

Un capot torpédo entoure le moteur et se termine derrière le pilote ; il est garni de cuir autour des ouvertures pour amortir les chocs en cas d'atterrissage brutal.

Groupe propulseur. — Le moteur rotatif de 80 HP est monté en porte-à-faux sur un flasque en tôle d'acier nickel emboutie qui constitue l'avant de l'appareil, et sur un collier en tôle solidaire de la carcasse en tubes d'acier du fuselage.

L'hélice est en prise directe.

Le capot mentionné plus haut canalise l'huile à la partie inférieure et évite toutes projections sur les aviateurs.

La nourrice qui alimente le moteur est placée en charge sur le carburateur et assure un débit constant quelle que soit la position de l'appareil. Elle est elle-même alimentée par une petite pompe à air donnant la pression sur le réservoir spécial qui contient le combustible pour une marche de 5 heures.

MONOPLACE BLINDÉ

Analogue au précédent dans ses grandes lignes, il en diffère néanmoins par quelques points particuliers.

Voilure. — Les ailes sont construites d'une manière comparable, mais les parties essentielles de leur armature, les longerons, sont en tôle d'acier-nickel emboutie d'une seule pièce sur toute leur longueur, seules les nervures sont en bois.

Châssis d'atterrissage — Le châssis est constitué par deux groupes de montants en V fixés de part et d'autre du fuselage et maintenus par le bas à leur écartement par deux tubes horizontaux. Entre ces deux tubes sont disposés deux demi-essieux sur chacun desquels est montée une roue.

Ce châssis à essieu brisé a l'avantage de présenter deux roues parfaitement indépendantes. La fixation des amortisseurs leur assure d'ailleurs une longue course.

Blindage. — La partie avant du fuselage supportant tous les organes vitaux, est garantie contre les tirs de l'artillerie par une tôle de blindage de 4 m/m d'épaisseur, en acier-nickel emboutie, par laquelle le moteur, les réservoirs et le pilote sont entourés et protégés.

Le moteur est, comme dans le biplace en porte-à-faux, et alimenté de la même manière : mais le réservoir principal ne contient d'essence que pour quatre heures de marche.

CARACTÉRISTIQUES GÉNÉRALES

	biplan	monoplace blindé
Surface portante	24 mq.	18 mq.
Poids à vide.	350 kg.	375 kg.
Envergure.	11m440	10m200
Longueur totale	7m450	6m320
Puissance	80 HP	80 HP
Charge utile	275 kg.	175 kg.
Vitesse	110 km.-h.	115 km.-h.

AÉROPLANES DEPERDUSSIN

Les événements regrettables qui ont atteint les Etablissements Deperdussin dans leur activité commerciale ont peut-être eu ce résultat imprévu de mettre en lumière la haute valeur des aéroplanes établis par l'ingénieur Béchereau.

Si les appareils commerciaux n'ont pas subi depuis deux ans de modifications sensibles (seul le châssis d'atterrissage a été transformé), nous avons à signaler, par contre, les progrès considérables réalisés dans la construction et le dessin des aéroplanes de vitesse et des hydravions.

LE " MONOCOQUE " TYPE 1914

Dans l'ouvrage « Les Aéroplanes de 1912 », nous avons décrit le monoplan de course de 140 HP avec lequel Védrines avait battu de loin tous les records de vitesse. Devant ces brillants résultats, M. Béchereau fut amené à envisager la suppression totale du fuselage et son remplacement par une coque unique.

Cette conception, réalisée pour le Circuit d'Anjou, constitua le premier « monocoque ».

Les divers types établis depuis cette époque ne diffèrent entre eux que par de menus détails, mais le principe de leur construction est demeuré immuable.

Coque. — Sur un gabarit de forme convenable et composé de diverses pièces démontables judicieusement assemblées, on vient enrouler, coller et clouer trois épaisseurs de lattes minces de bois de tulipier, jusqu'à recouvrir entièrement le moule en épousant sa forme.

On constitue ainsi autour de lui une sorte de carapace de bois, composée d'une multitude de pièces juxtaposées, dont l'épaisseur totale atteint 4 m/m.

Pour donner à l'ensemble une rigidité parfaite, le collage des divers éléments est effectué sous pression. Lorsque ce travail est achevé, il ne reste plus qu'à démouler.

DEPERDUSSIN

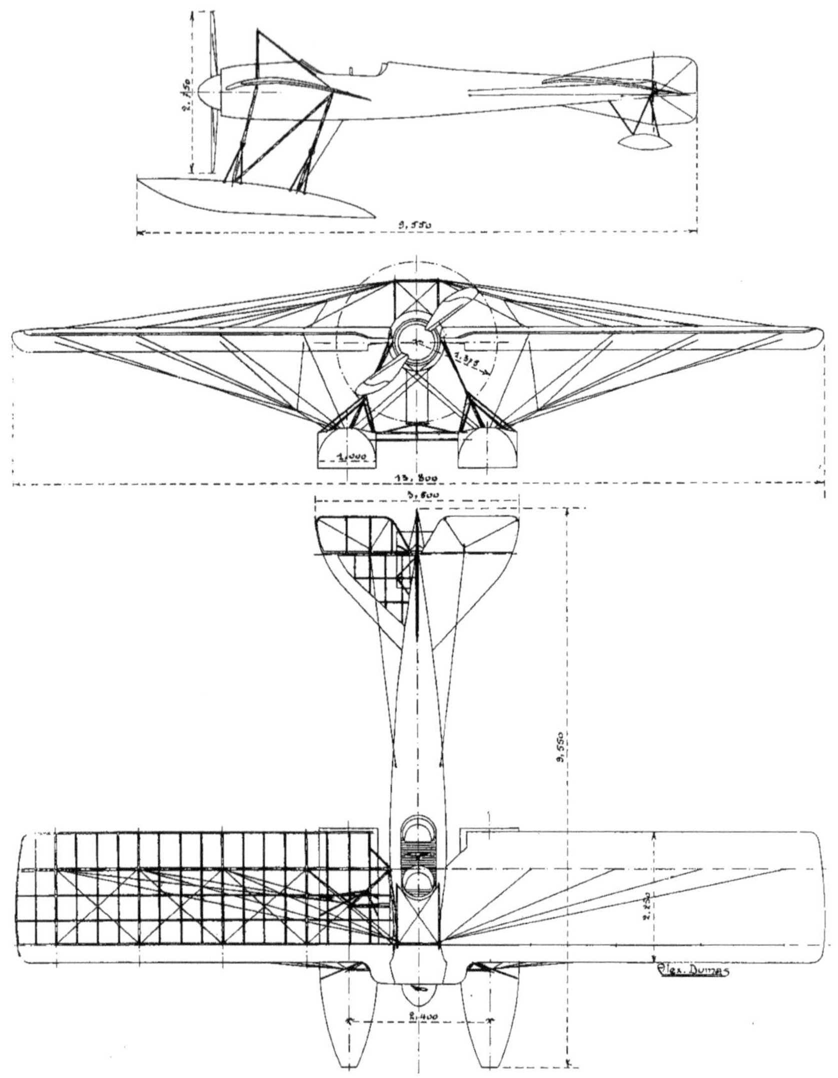

La coque ainsi obtenue comporte, par construction, les ouvertures nécessaires à la fixation des divers organes de sustentation, de propulsion et d'équilibrage, ainsi que le logement du pilote.

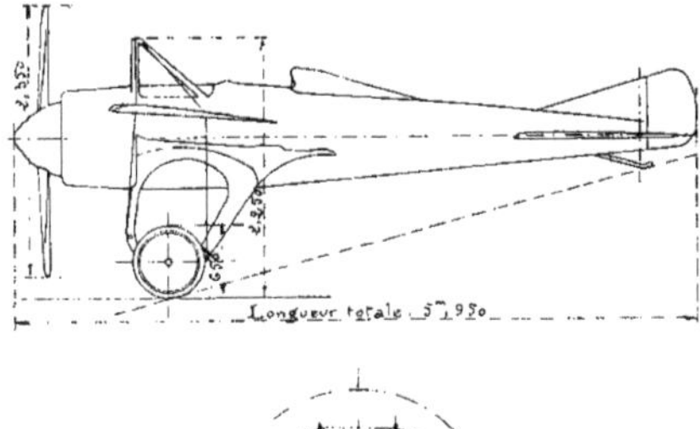

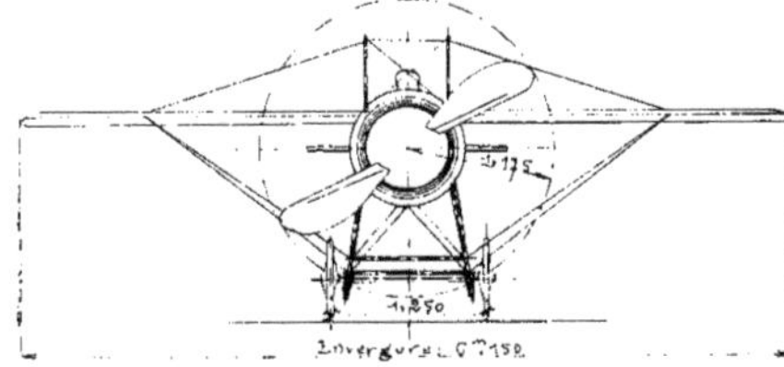

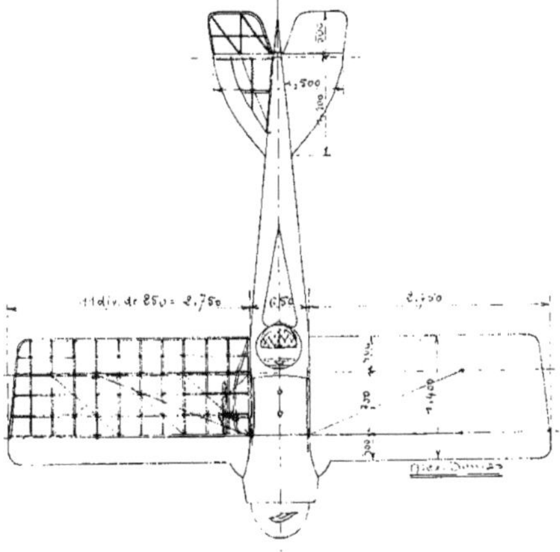

C'est un bloc rigide et parfaitement indéformable qui présente, de par sa forme soigneusement étudiée, les meilleures qualités de pénétration.

La coque est fortement entretoisée lors du montage définitif de l'ensemble : à l'avant, par les tôles de fixation du moteur et les barres de compression qui reçoivent la poussée horizontale des longerons d'ailes; à l'arrière, par l'empennage d'une seule pièce qui la traverse de part en part et est boulonné sur les cornières solidaires de cette coque.

Châssis d'atterrissage. — Le châssis d'atterrissage, très simplifié, se compose de deux cintres, construits, comme la coque, en bois contre-plaqué. Ces deux cadres, solidement fixés au ventre de l'appareil, sont entretoisés à leur partie inférieure par deux barres soigneusement carénées. L'essieu des roues est relié élastiquement à ces deux châssis, par le moyen d'un extenseur très fort, enroulé autour de l'ensemble un très grand nombre de fois. Cet essieu lui-même est fuselé, et les roues complètement entoilées.

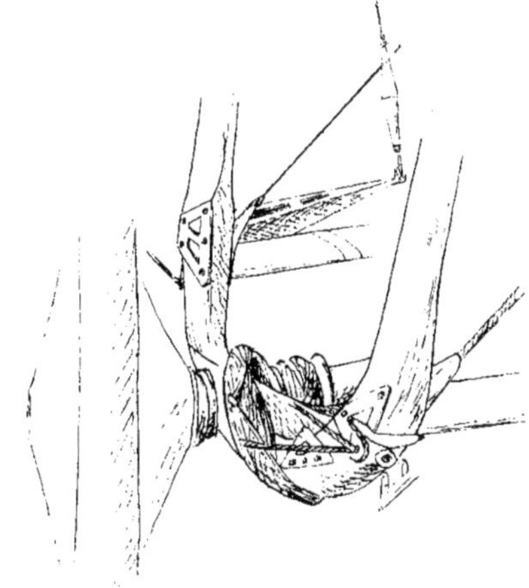

Monocoque. Détail du châssis.

Un tel appareil, conçu et établi depuis deux ans, est demeuré, quant à son ensemble, ce qu'il était à cette époque. Mais, si l'on compare le monocoque primitif à celui de 1914, on trouve néanmoins des différences de détail dont l'effet, au point de vue de la vitesse, est fort appréciable.

De 1912 à 1913, le moteur, primitivement apparent, avait disparu, déjà, sous un capot percé de trous destinés à faciliter la circulation d'air autour des cylindres. L'avant bec de l'hélice s'était allongé et avait pris une forme de meilleure pénétration.

Les guignols de haubannage s'étaient abaissés; les cadres du châssis d'atterrissage, plus petits, se fixaient plus bas sur le fuselage. Pour diminuer la fatigue du pilote, sa tête venant se poser contre un appui-tête capitonné prolongé par une pointe de course formant éperon sur le fuselage auquel elle venait se raccorder.

Ces petits perfectionnements s'accusent davantage encore sur le type 1914. Le capot du moteur est entièrement clos latéralement: l'appui-tête a pris une forme plus fine; toutes les commandes extérieures ont été supprimées. Les gouvernails se raccordent exactement avec les empennages, et tous les palonniers sont dissimulés à l'intérieur du fuselage. De sorte qu'aucune aspérité ne s'oppose plus à l'écoulement régulier des filets d'air à l'arrière de la carène.

L'HYDROAÉROPLANE 160 HP

L'hydravion Deperdussin est construit suivant les mêmes principes directeurs qui régissent l'établissement des monocoques.

En raison du poids plus considérable de cet appareil et de ses dimensions amplifiées, la robustesse des diverses pièces est, évidemment, accrue.

Voilure. — La voilure, de profil peu différent du type exclusivement terrestre, est établie, suivant la méthode habituelle, et simplement renforcée. Les ailes sont largement échancrées à partir du longeron postérieur vers l'arrière, pour augmenter le champ de visibilité.

Deux séries de quatre haubans, au-dessus et au-dessous, assurent la robustesse nécessaire à une surface de 27 mq., capable d'emporter 1,350 kgs à plus de 100 km. à l'heure.

Les haubans inférieurs avant viennent s'attacher au bas des montants avant, tandis que les haubans arrière passent sur une poulie fixée au bas des montants arrière, et viennent s'attacher à un levier de renvoi monté sur l'entretoise correspondante.

Les haubans supérieurs sont frappés au sommet d'une cabane simple et très robuste.

Nous mentionnerons, en passant, l'existence d'empennages cruciformes à l'arrière du corps ou fuselage-coque.

Fuselage-coque. — C'est un composé du type monocoque et de la coque marine: l'avant est de section circulaire, et l'arrière présente deux faces verticales, le dos et le ventre étant arrondis.

Étant donné le diamètre de la coque, on a pu donner aux réservoirs une capacité de 450 litres (375 litres d'essence et 75 litres d'huile) permettant un vol de 5 h. 1/2.

Groupe propulseur. — Le moteur, un rotatif de 160 HP, est entièrement enfermé à l'avant dans un capot métallique. Une calotte, montée sur l'hélice, termine en avant-bec la ligne du capot. Une manivelle de mise en marche est placée à portée du passager.

Les commandes sont du type courant.

Le carburateur est placé sous la coque, ce qui évite tout réservoir sous pression.

Flotteurs. — Les flotteurs principaux sont en double bordé et du type en catamaran. Chacun d'eux à 4 mètres de long sur 1m400 de largeur au maître-couple. La flottabilité atteint 2.600 kgs pour un poids de 160 kgs.

A l'arrière, sous l'empennage, un petit flotteur auxiliaire bi-convexe, pesant 12 kgs, donne une une flottabilité de 175 kgs.

La liaison des flotteurs principaux au fuselage est constituée, de part et d'autre par deux montants profilés à forte section réunis obliquement par une jambe de force et croisillonnés.

Tranversalement, les montants correspondants sont reliés par des tubes entretoisés en acier. Les mouvements latéraux des flotteurs sont empêchés par un système de tubes légers, formant pyramide autour de chaque montant.

AÉROPLANES HENRI FARMAN

Nous bornerons l'étude des appareils Henri Farman à celle des deux types de biplans dont les succès récents dans le domaine militaire et dans le domaine sportif ont confirmé la grande valeur de cette firme, que ses productions antérieures avaient placée au premier rang.

D'ailleurs, en limitant notre étude au type militaire dit F-20 et au sesquiplan de sport pur F-24, nous serons assez complets, les essais récents d'hydravions n'ayant à proprement parler introduit aucune disposition nouvelle nettement caractéristique.

LE BIPLAN F-20

Le type F-20, résultat de modification apportées au type F-16 (1913), est adopté par le ministère de la guerre, et plusieurs escadrilles, classées parmi les meilleures, sont uniquement constituées avec des biplans de ce modèle.

Voilure. — Le plan supérieur a une envergure de 13 m. 500, et comporte deux plans rabattant de 3 m. 250. L'envergure inférieure n'excède pas 7 m. 400.

Le bord d'attaque est légèrement brisé, de sorte que le centre de pression est rétrograde du centre de la cellule vers les extrémités.

Les deux plans sont entretoisés par des montants profilés de 1 m. 500 de hauteur. La longueur antéro-postérieure des surfaces est de 2 m. au centre.

Poutre de réunion. — La poutre de réunion est constituée par quatre longerons en tubes d'acier réunis par des montants en bois soigneusement carénés. Cette poutre se réduit à l'arrière, à une arête verticale autour de laquelle vient s'articuler le gouvernail de direction équilibré.

La longueur de cette poutre atteint 4 m. 450, ce qui donne à l'appareil une allure ramassée tout à fait séduisante.

Châssis. — Le châssis, extrêmement simplifié, comporte deux cadres en tubes d'acier croisillonnés par des cordes à pianos. Chacun de ces cadres supporte un essieu amorti, analogue aux modèles antérieurs, mais plus soigneusement exécuté.

Nacelle. — Fixée à la cellule exposée sur le plan inférieur, la nacelle présente un porte-à-faux de 1 m. 750, de telle sorte que le pilote soit en

HENRI FARMAN

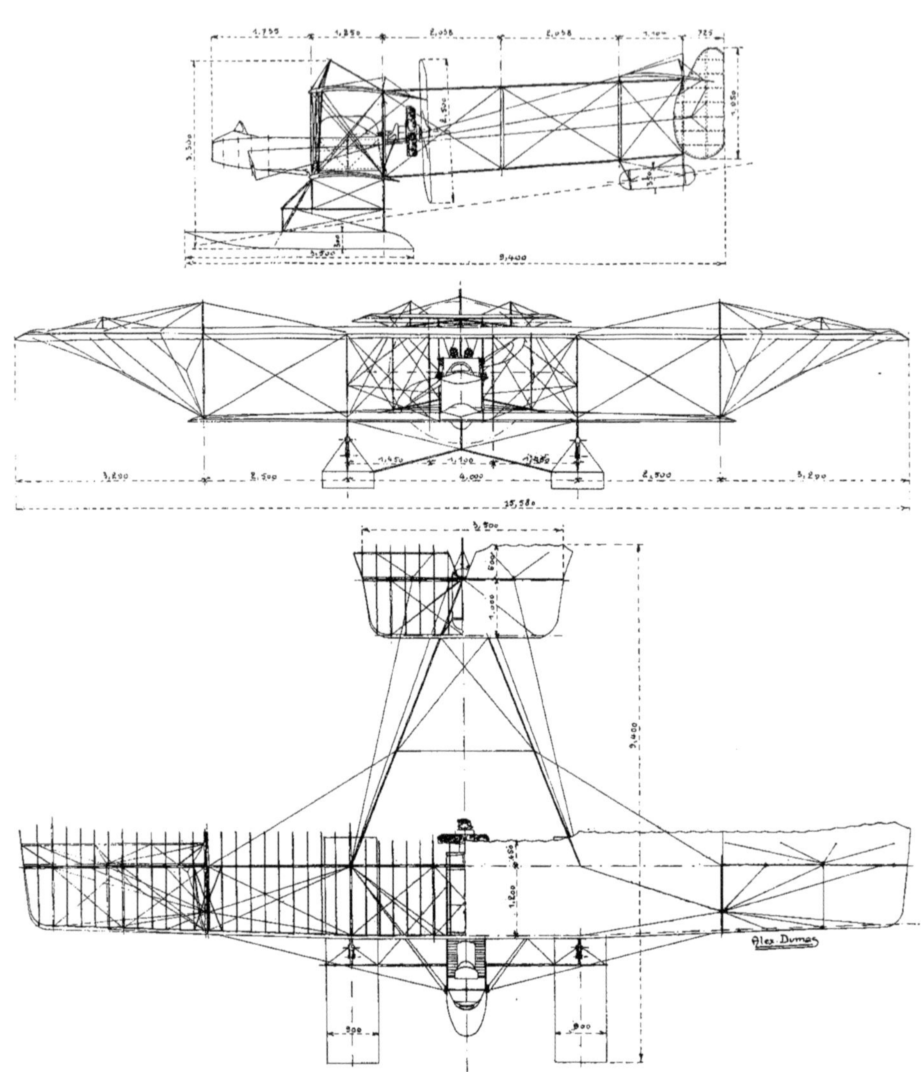

avant de l'appareil. Le passager est assis immédiatement derrière lui, et adossé aux réservoirs d'huile et d'essence (en charge).

Le 80 HP Gnôme est monté en porte-à-faux à l'arrière de la nacelle et actionnant l'hélice en prise directe.

LE SESQUIPLAN F. 24

Les principes constructifs qui ont présidé à la construction de ce petit biplan, sont les mêmes que ceux qui furent appliqués antérieurement

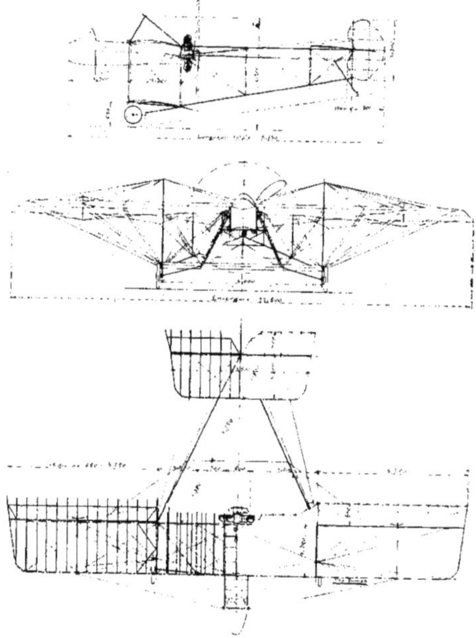

dans le F-20. Mais, construit dans le but de satisfaire les pilotes d'aérodromes, destiné à boucler la boucle et à se livrer à tous les exercices de haute école aérienne qui sont l'apanage des appareils à centres confondus, le sesquiplan H. Farman est un biplan à centres confondus.

Voilure. — Plus petite que celle du F-20, la cellule a une envergure de 11 m. 500, et présente deux plans « rabattants » de 3 m. 750. La surface inférieure est extrêmement réduite, puisque son envergure est de 4 m. seulement.

Poutre de réunion. — La poutre de réunion

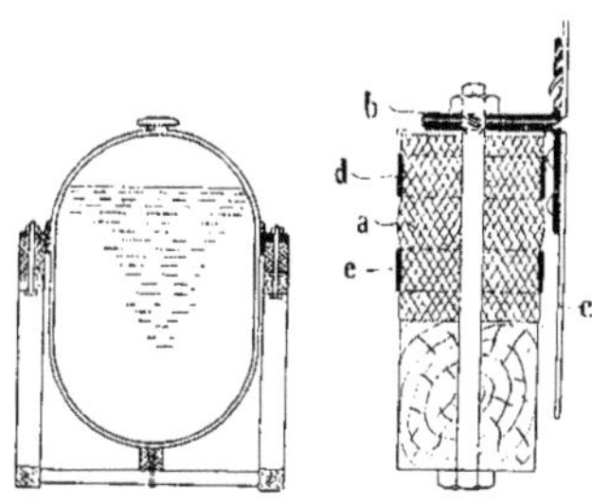

comporte quatre longerons en tubes d'acier reliés par des montants en bois, comme dans l'appareil militaire.

Le gouvernail de direction, en forme de haricot, est articulé autour de l'arête verticale qui la termine à l'arrière.

Châssis. — Le châssis comporte deux roues disposées aux extrémités du plan inférieur. Ces

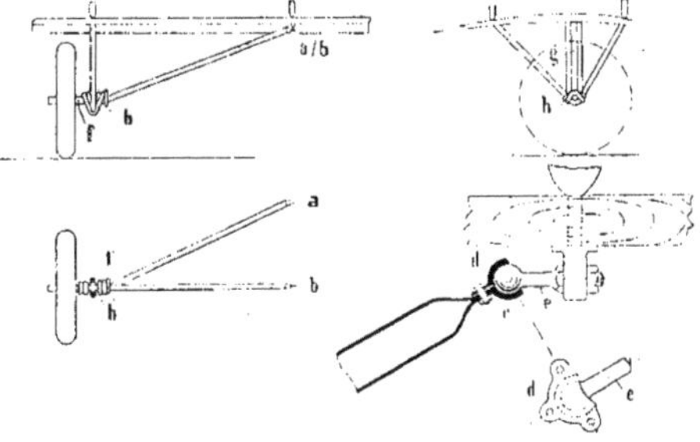

deux roues sont parfaitement indépendantes l'une de l'autre, et leur voie est telle que la stabilité de l'appareil sur le sol soit parfaitement assurée. Voici quel est le mécanisme de ce châssis : deux bielles *a b* sont articulées au pied des montants obliques par l'intermédiaire d'une gaîne *d* embrassant l'articulation sphérique *c* disposée au bout de la tige encastrée *e*. Ces deux bielles se réunissent à leur base pour supporter l'essieu *f*. Cet essieu peut coulisser dans la mortaise *g*, ses mouvements étant amortis par les extenseurs *h*.

Ce châssis très simple semble avoir donné toute satisfaction. Il rappelle les types à essieux brisés, adoptés dans un grand nombre de monoplans.

Nacelle. — La nacelle est disposée entre les deux plans, et accolée au plan supérieur. Elle présente un avant-bec de 1 m. 500 et supporte, d'arrière en avant, le pilote, le réservoir d'huile et d'essence, et le moteur en porte-à-faux actionnant l'hélice en prise directe.

Le réservoir, au lieu d'être fixé directement sur les longerons de la nacelle, est suspendu au moyen de cornières reposant sur les longerons par l'intermédiaire de plaques de caoutchouc, partiellement entourées de frettes métalliques.

Commandes. — Les commandes sont du type instinctif. Transmises par des câbles d'acier, elles sont pourvues d'attaches spéciales : le

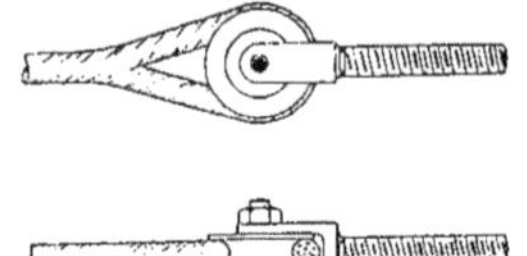

câble est épissuré après être passé autour d'une poulie, et ne présente ainsi aucun danger de rupture.

CARACTÉRISTIQUES COMPARÉES DES DIVERS TYPES

	F-20	F-21	F-22	F-23	F-24
Surf. portante..	35 mq.	42 mq.	40 mq.	45 mq.	25 mq.
Poids à vide....	275 kg.	315 kg.	295 kg.	380 kg.	250 kg.
Envergure......	13m500	16m000	15m500	18m000	11m500
Longueur......	8.200	8.200	8.200	8.750	8.750
Puissance......	80 HP	80 HP	80 HP	80 HP	50 HP
Charge utile....	275 275.	350 kg.	325 kg.	450 kg.	150 kg.
Vitesse	105 km-h.	95 km-h.	100 km.h.	100 km-h.	110 km-h.

AÉROPLANES MAURICE FARMAN

C'est un événement véritable qui a marqué le début de l'année 1914; la forme des biplans Maurice Farman a changé!

Nous disions, l'an passé, que cet appareil était l'un des rares biplans qui se soit dérobé à l'influence du monoplan. Nous exposions qu'il avait conservé les deux équilibreurs avant et arrière combinés, et le centre de gravité abaissé.

Aujourd'hui, tout cela est changé. Les nouveaux appareils Maurice Farman n'ont plus d'équilibreur à l'avant. La nacelle est placée sensiblement à égale distance des deux plans principaux; la poutre de réunion est devenue triangulaire et porte, à son extrême arrière, un équilibreur monoplan.

Voilà en peu de mots ce qui caractérise le nouveau type M. Farman 1914, que nous allons étudier avec plus de soin sous ses deux formes terrestre et marine.

Voilure. — La cellule se compose de deux plans inégaux dont les extrémités sont arrondies du côté de l'attaque.

Ces plans sont réunis entre eux par deux séries de montants distantes de 1 m. 350. La distance verticale qui sépare les deux plans est de 2 m.

Au point de vue constructif, divers détails sont à noter : les montants extrêmes sont préservés contre le flambage par une armature constituant une véritable ferme dans laquelle l'arbalétrier est formé par le montant, et l'entrait par un

M. FARMAN

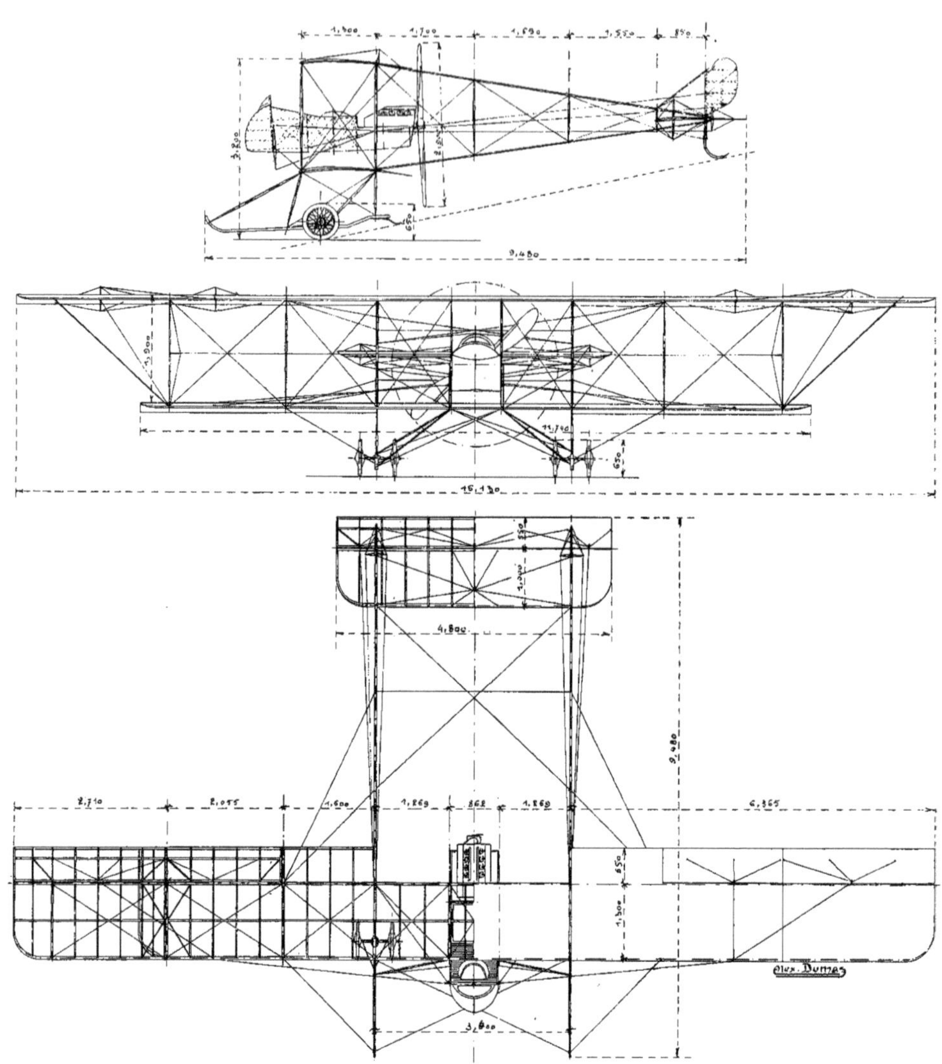

ensemble de deux cordes à piano à tension réglable, attachées d'une part aux sabots de tête

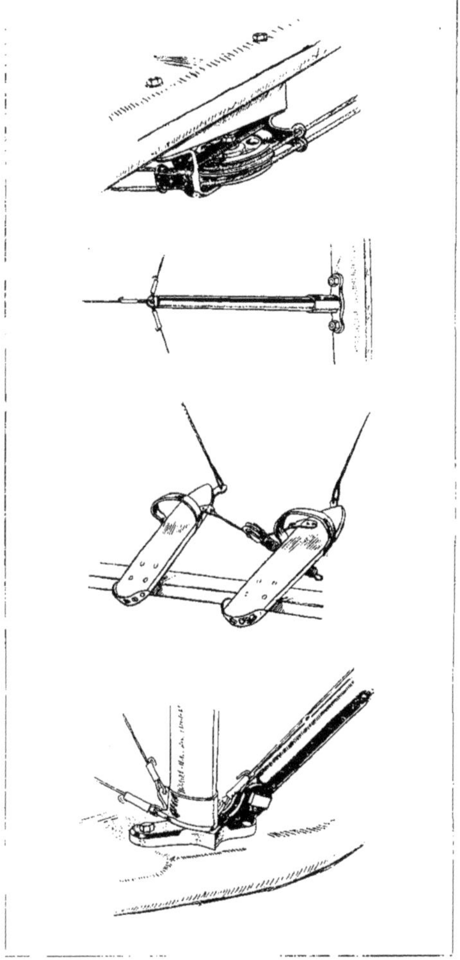

Détail de construction des appareils Maurice Farman

du montant, et, d'autre part, à l'extrémité d'un poinçon formé d'un petit tube d'acier fixé perpendiculairement au montant et en son milieu, dans le plan de front de la cellule.

D'ailleurs, tous les montants sont reliés entre eux, au milieu de leur longueur, de sorte que leur longueur libre est, en réalité, diminuée de moitié.

En raison de la grande envergure du plan supérieur, l'emploi de plans rabattants s'est imposé. Ces plans sont supportés par de légers tubes d'acier fixés à l'extérieur du sabot du plan inférieur.

Châssis d'atterrissage. — Le châssis d'atterrissage comporte deux patins très courts relevés à leur partie postérieure où ils sont pourvus d'un ressort à lames d'acier destiné à freiner lors de l'atterrissage.

Chacun de ces patins, relié à la cellule par le procédé habituel (jambe de force et haubannage), porte l'essieu et les roues jumelées caractéristiques de la construction Farman.

Poutre de réunion. — Elle comporte quatre longerons réunis par deux séries de montants; les joints entre les montants et les longerons sont très judicieusement compris. Le sabot est en acier, très léger et d'une seule pièce. Le longeron est renforcé au point d'attache.

Châssis hydroplane. — Les hydravions M. Farman sont portés par deux flotteurs en catamaran. Chacun d'eux est suspendu élastiquement entre deux patins soigneusement entretoisés.

Les flotteurs ont 900 m/m de largeur et 320 m/m de hauteur. Ils sont à fond plat, et leur forme est déterminée pour qu'ils ne puissent s'engager au moment de l'atterrissage.

La suspension est obtenue, à l'avant et à l'arrière des patins, par un enroulement de sandow judicieusement disposé.

Queue. — La surface des plans d'arrière a diminué depuis le dernier type. Le stabilisateur fixe a 4 m. 650 d'envergure et 1 m. de profondeur. Il est terminé à l'arrière par un volet rectangulaire jouant le rôle de gouvernail de profondeur.

L'axe de rotation de cet équilibreur est d'ailleurs représenté matériellement par l'arête horizontale extrême de la poutre de réunion.

Deux gouvernails de direction conjugués sont quillés au-dessus du stabilisateur.

Commandes. — Les commandes, autrefois associées par un volant à translation, ont été modifiées. Le volant est remplacé par un système de deux poignées, auxquelles sont fixés les câbles doublés qui actionnent les ailerons. Par l'oscillation de ces poignées, à droite et à gauche, le pilote assure l'équilibre transversal de son appareil.

L'emploi des poignées présente divers avantages : d'abord, moins encombrantes que le volant, elles évitent aux pilotes la fatigue des jambes en lui laissant la place pour remuer les genoux; ensuite, grâce à leur forme, même si l'aviateur a les doigts à moitié gelés par le froid ou recouverts, au contraire, de plusieurs paires de gants.

Les poignées sont montées sur le tube transversal habituel, et actionnent l'équilibreur dans leur mouvement d'avant en arrière.

A la place du palonnier généralement employé pour le contrôle de la direction, M. Farman a adopté un système de deux pédales combinées par un fil de connexion passant sur une poulie fixée au plancher par un ressort.

Les fils d'ailerons sont guidés par des doubles poulies fixées aux longerons des surfaces par le moyen de chapes en acier.

Le poste des aviateurs est confortablement aménagé dans un fuselage entoilé pourvu d'un élégant coupe-vent surmonté d'un pare-brise.

CARACTÉRISTIQUES GÉNÉRALES

Surface portante.	54 mq.
Poids à vide.	510 kgs.
Envergure.	15 m. 550
Longueur totale	8 m. 800
Puissance.	70 HP.
Charge utile.	300 kgs.
Vitesse.	100 km. h.

AÉROPLANES GOUPY

Après un silence de deux ans, M. Ambroise Goupy s'est remis à construire des aéroplanes, ou, plus exactement, il a sorti de ses tiroirs ses appareils de 1911 remis au goût du jour, et qui, à quelques détails de construction près, font encore bonne figure aujourd'hui.

Deux types de biplan, exposés au Salon de 1913, peuvent figurer dans cet ouvrage : un petit biplan monoplace et un triplace de 12 m. 750 d'envergure.

Nous ne décrirons expressément ni l'un ni l'autre de ces deux avions. Ils diffèrent par leurs dimensions, que nous résumerons ultérieurement, et par le châssis d'atterrissage.

Encore, cette dernière différence est-elle bien faible, puisque l'existence de deux patins probablement peu efficaces distingue seulement le châssis de l'appareil lourd de celui du biplan léger.

Nous parlerons seulement des principes généraux qui ont présidé à l'établissement des appareils Goupy, pour résumer plus loin tout ce qui a trait aux dimensions pures.

Voilure. — Les biplans Goupy comportent deux surfaces, en principe identiques, disposées l'une au-dessus de l'autre et décalées de telle sorte que le plan supérieur soit en avant du plan inférieur.

M. Goupy est le premier constructeur qui ait appliqué le principe des surfaces décalées et qui se soit rendu compte de l'excellent rendement

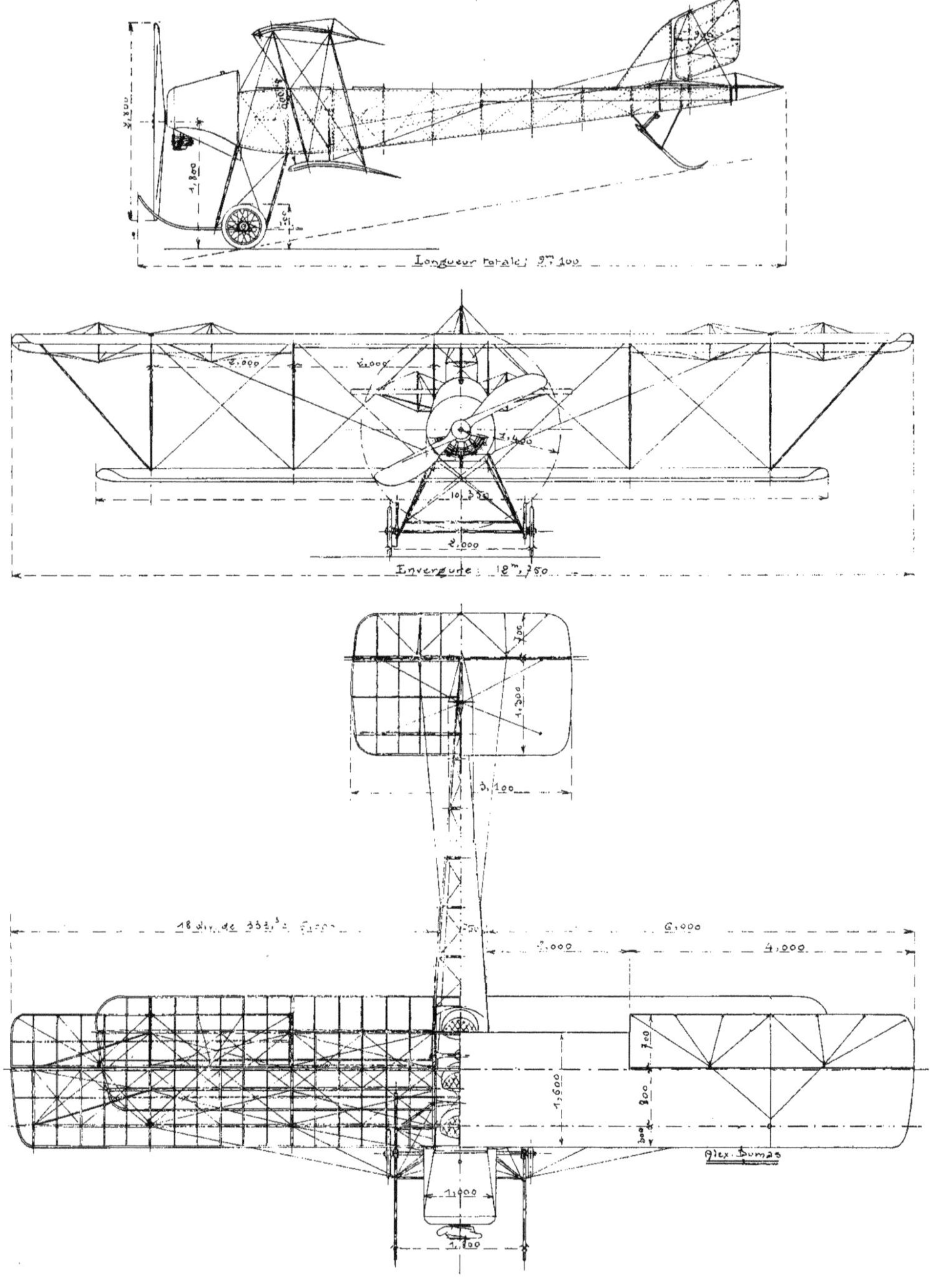

Longueur totale: 9m,100
Envergure: 18m,750
3,100
6,000
4,000
1,600
Alex. Dumas

de ce dispositif. Nous verrons plus loin que bien d'autres marques étrangères l'ont adopté par la suite.

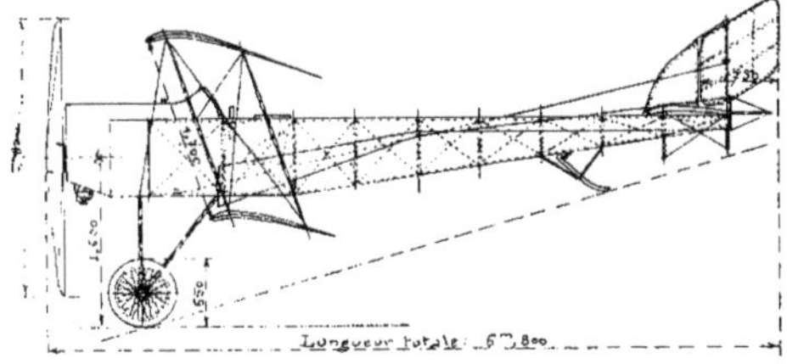

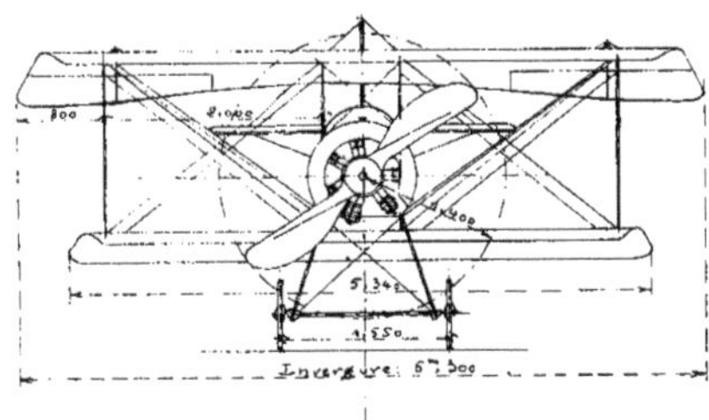

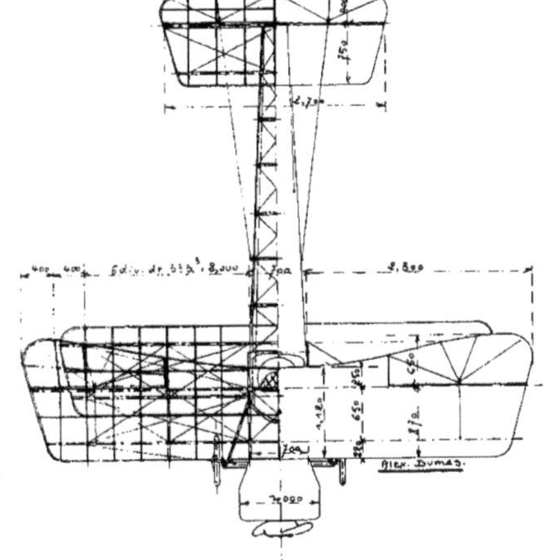

La cellule proprement dite est montée comme l'étaient la plupart des cellules de biplans il y a trois ans : les montants s'emboîtent à leurs deux extrémités dans des godets d'aluminium fixés aux longerons d'ailes, et le haubannage diagonal est assuré par des cordes à piano pourvues de tendeurs de réglage.

L'ensemble de la voilure est assemblé sur le fuselage par le moyen de huit boulons traversant respectivement les quatre montants centraux et les quatre longerons de la poutre armée formant le corps.

Les surfaces, pourvues d'ailerons conjugués, sont entoilées haut et bas.

Fuselage. — Le premier biplan Goupy fut construit dans les ateliers Blériot.

Les appareils d'aujourd'hui ont conservé les caractéristiques de cette construction première.

De sorte que peu de choses distinguent le fuselage Goupy de celui du Blériot XI, sauf l'entoilage qui est complet.

Châssis d'atterrissage. — Le premier châssis Goupy orientable à triangles indéformables a fait place à un châssis plus léger rappelant l'ancien châssis Sommer, et, d'une manière plus primitive, l'actuel train d'atterrissage Borel. L'essieu portant les deux roues folles est relié au cadre rigide par des bagues de caoutchouc.

La présence ou l'absence de patins ne modifie en rien ce principe.

Empennages et gouvernails. — A l'arrière du fuselage sont disposés les empennages horizontal et vertical.

A l'arrière du premier est articulé un volet entoilé formant équilibreur; tandis qu'un gouvernail de direction compensé est disposé audessus de cet organe, dans le prolongement de l'empennage supérieur.

Une béquille élastique supporte l'arrière du fuselage, forme frein à l'atterrissage, et protège les surfaces arrière contre les chocs.

Groupe propulseur. — Dans le monoplace, le moteur rotatif est en porte-à-faux. Dans le triplace, le moteur de 100 HP est posé entre deux paliers.

L'hélice est calée en prise directe sur le nez du moteur.

Les organes de commande du carburateur sont montés avec le mécanisme de commande à distance.

Un dispositif spécial permet de couper instantanément toute communication entre le carburateur et le réservoir dans le cas de retour de flammes.

Le moteur est disposé sous un capot en aluminium qui protège parfaitement les aviateurs contre toutes projections.

CARACTÉRISTIQUES GÉNÉRALES

	Monoplace	Triplace
Surface portante	13 mq.	37 mq.
Poids à vide	240 kg.	480 kg.
Envergure	6m300	12m750
Longueur totale	6m800	9m400
Puissance	50 HP.	100 HP.
Charge utile	150 kg.	320 kg.
Vitesse	105 km	95 km

AÉROPLANES MORANE-SAULNIER

Les monoplans Morane-Saulnier, quelle que soit leur surface et quelle que soit leur destination, sont établis sur un principe immuable. Ils possèdent diverses propriétés que nous résumerons rapidement et qui, en leur assurant une parfaite maniabilité, rendent leur conduite facile pour un pilote expérimenté.

Ces appareils sont, avant tout, des monoplans légers possédant un grand excédent de puissance. En effet, les constructeurs estiment (avec juste raison d'ailleurs) que, dans l'état actuel de l'aviation, la première qualité d'un aéroplane est de posséder un excès de puissance motrice lui permettant de se bien comporter dans le vent.

Les aéroplanes Morane-Saulnier sont « centrés sur les ailes ». Cette expression de métier signifie que le poids de tout l'appareil est soutenu par la voilure principale; la voilure secondaire placée à l'arrière (étant d'ailleurs entièrement mobile) n'est rigoureusement pas porteuse. Les constructeurs estiment qu'un aéroplane ainsi disposé doit, dans le vent, suivre les vagues en restant parallèle à lui-même.

Ces appareils sont extrêmement courts (la tendance actuelle de la construction aéronautique est d'ailleurs aux avions de faible empattement).

Le montage du moteur rotatif est celui en porte-à-faux; ce dispositif préconisé par la maison Gnôme est adopté sur tous les biplans. Son usage dans la construction des monoplans a été adopté par la plupart des constructeurs.

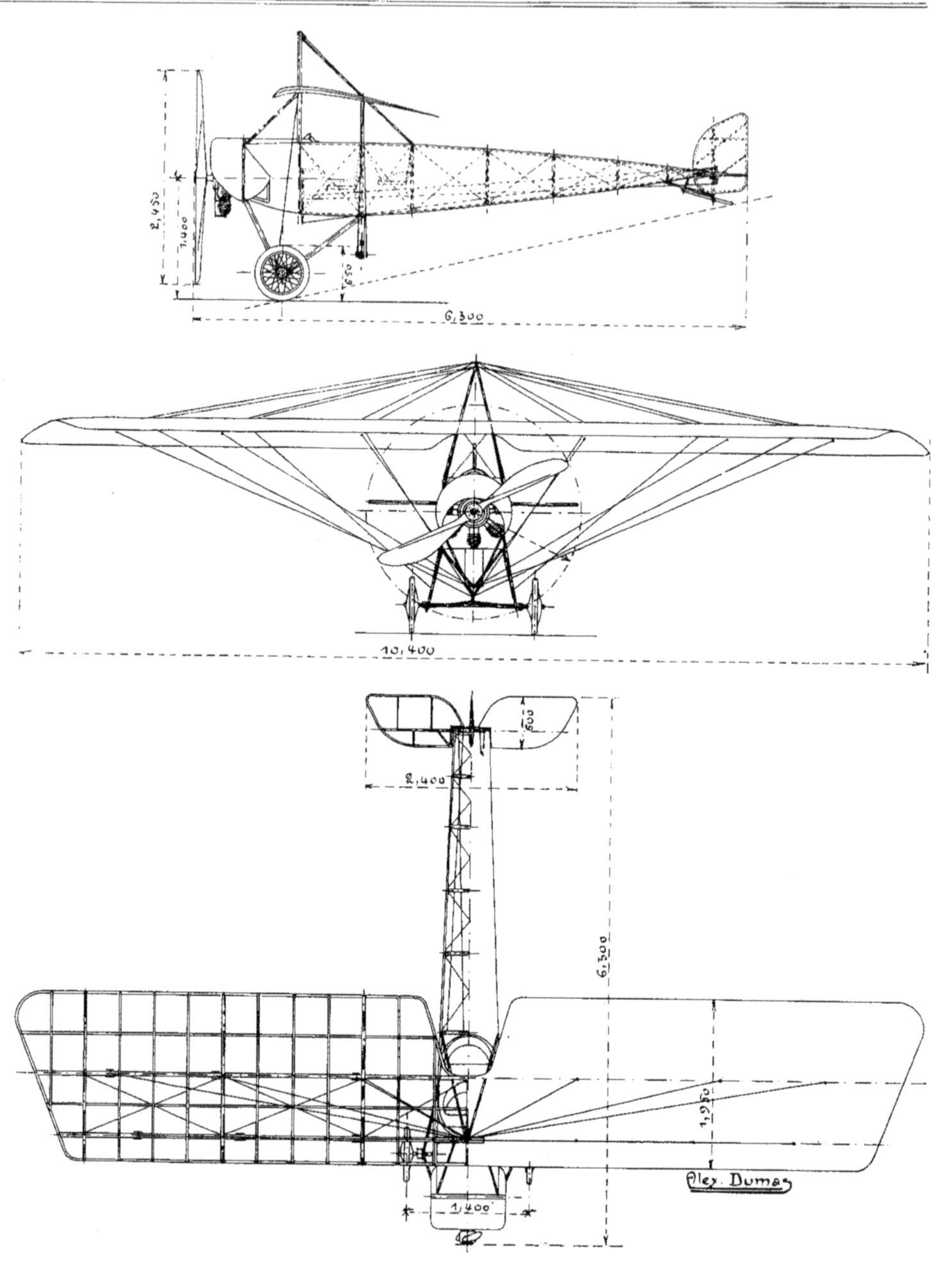
2,450
1,400
650
6,300
10,400
500
2,400
6,300
1,950
1,400
Alex. Dumas

Le fuselage à section rectangulaire comporte quatre longerons sur lesquels s'appuient des montants et des traverses boulonnés sur les longerons. Cet assemblage aussi simple que

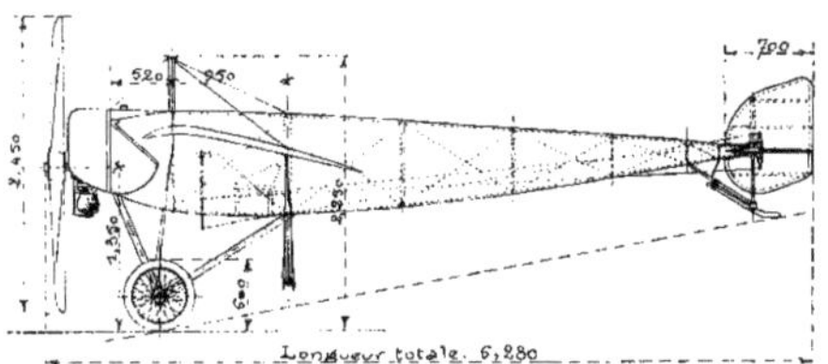

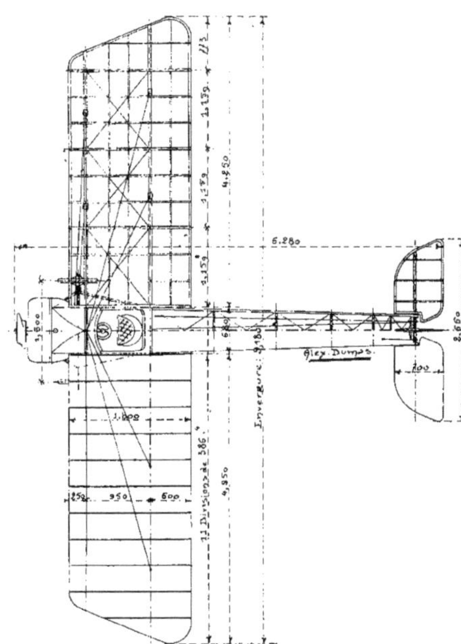

solide est à ce point satisfaisant que jamais un fuselage n'a besoin d'être réglé.

Le fuselage est terminé par une arête horizontale qui est représentée matériellement par un tube boulonné sur les quatre longerons.

Ce tube soutient deux autres tubes perpendiculaires qui traversent le gouvernail de profondeur et le gouvernail de direction et en constituent les axes. Ce dispositif de partie arrière ne comporte aucun haubannage, ni aucun entretoisement; il s'ensuit que ce dispositif de surface arrière ne comporte aucun réglage.

Le châssis métallique est triangulé dans tous les plans, de sorte qu'il est complètement indéformable.

MONOPLAN BIPLACE, TYPE G

Nous décrirons ce type d'avion avec quelques détails; les divers modèles établis par la firme, et dont les caractéristiques sont résumées dans le tableau annexé sont, aux dimensions près, absolument identiques comme construction, sauf le « Parasol » qui fera l'objet d'une étude particulière.

Voilure. — Longueur avant de chaque aile : 4 m. 150. Longueur arrière : 4 m. 750.

Largeur 1 m. 800.

Les longerons d'ailes sont en frêne; ils sont creux et composés de deux parties à peu près symétriques qui s'emboîtent l'une dans l'autre au moyen de deux baguettes courant dans une mortaise pratiquée en plein bois.

La longueur du longeron AV est de 4 m. 300.

La — — AR est de 4 m. 710.

La section est rectangulaire; à l'avant, elle a comme dimension 65×35 et à l'arrière 50×35. L'écartement des longerons est de 1 m. 050. Les nervures constituant les ailes sont des poutres en I fixées sur les longerons. L'âme de ces poutres est en bois contreplaqué de 6 m/m avec trous d'allègement : les lattes sont en frêne de 20×5, collées sur les âmes et clouées ensuite. Les nervures sont vissées sur les longerons, puis collées et marouflées sur les arêtiers AV et AR des ailes.

La hauteur des nervures est de 164 m/m.

Fuselage. — Longueur totale est de 5 m. 320.

— — à l'avant 0 m. 68.

Cette largeur se réduit à l'arrière à une arête horizontale représentée par un tube de 35 m/m de diamètre.

Les longerons sont tout en frêne ; leurs dimensions sont de 30×30 à l'avant et 20×20 à l'arrière. Les montants et traverses du fuselage sont en frêne dans les trois premières travées en sapin les travées suivantes.

Moteur. — Le moteur est monté en porte-à-faux sur une tôle araignée terminant le fuselage. Il est boulonné par son moyen de volant sur cette tôle et maintenu à l'arrière de vilebrequin par 5 tubes reliant le moyeu de centrage aux quatre coins de l'araignée et à la nervure centrale de celle-ci.

Le moteur est recouvert d'un capot en aluminium pour éviter les projections d'huile et l'avant de fuselage est également protégé par des tôles d'aluminium ou des panneaux de bois contreplaqué, vissés sur le fuselage avec interposition de bandes de feutre pour ne pas laisser suinter l'huile.

Haubannage. — Le haubannage est entièrement réalisé par des câbles en acier à haute résistance. Le longeron AV de chaque aile est maintenu par trois câbles de 4 m/m de diamètre dont la résistance est garantie par le fabricant égale à 2,000 kgs et qui ne saurait en aucun cas descendre au dessous de 1,400 kgs.

Le haubannage supérieur est réalisé par des câbles de 3 m. 5. Les haubans sont arrêtés par des épissures ne comportant l'action d'aucun acide ou d'aucun corps oxydant.

Châssis d'atterrissage. — Le châssis d'atterrissage est en tubes ogives symétriques.

A l'avant du châssis se trouvent dans le même plan 4 tubes formant un M entretoisé à la base par deux tubes parallèles de 23×25 entre lesquels sont disposés deux demi-essieux articulés au point central.

Ces demi-essieux sont en tubes acier et passent dans une glissière pour porter à leur extrémité une roue de 600×65 reliée au châssis par un enroulement de caoutchouc.

Le châssis est contrefiché à l'arrière par deux tubes.

MONOPLAN " PARASOL "

Pour augmenter la visibilité dans leurs appareils, les établissements Morane-Saulnier ont créé le type dit Parasol, dans lequel les ailes ont été surélevées au-dessus des aviateurs. Le centrage, de ce fait, a été modifié, mais les qualités aérodynamiques de ce nouvel appareil n'en ont été en aucune sorte affectées.

Les détails de construction sont demeurés les mêmes dans le « Parasol » que dans les monoplans à centres confondus analogues au type G.

CARACTÉRISTIQUES GÉNÉRALES

	G-14	G-16	Parasol	Blindé
Surface portante..	14 mq	16 mq	18 mq	16 mq
Poids à vide . . .	290 kg	325 kg	400 kg	390 kg
Envergure	9m180	10m180	11m180	10m180
Longueur totale. .	6,500	6,500	7,15	6,500
Puissance	60 HP	80 HP	80 HP	80 HP
Charge utile . . .	160 kg	250 kg	285 kg	180 kg
Vitesse.	120 km	120 km	126 km	125 km

AÉROSTABLE MOREAU

Si l'aérostable Moreau est couramment classé dans la catégorie des appareils nouveaux, il est néanmoins le fruit de dix années d'études et d'expériences et sa conception est en soi-même assez intéressante pour que cet aéroplane mérite une description.

Construit dans le but de réaliser la stabilité automatique, l'aérostable Moreau peut, en effet, lorsque le temps n'est pas trop mauvais, tenir l'air en toute sécurité sans que le pilote ait à s'occuper de ses commandes.

Principe. — Cet avion est à centre de gravité très bas. Cependant que le groupe propulseur est invariablement lié au bâti de la machine, la nacelle qui porte les aviateurs est suspendue autour d'un axe transversal voisin du lieu des centres de pression et peut osciller longitudinalement, entraînant dans son mouvement la queue stabilisatrice à laquelle elle est liée par une connexion.

Un enclanchement permet de solidariser à la volonté du pilote la nacelle et le fuselage proprement dit, auquel cas l'aérostable se conduit comme un aéroplane à centres distincts.

Lorsque l'enclanchement (1) est libéré, la nacelle peut osciller autour de l'axe (2); tant que le cliquet (3) reste en prise avec la crémaillère (4) la nacelle est solidaire de la queue stabilisatrice mais le pilote peut d'autre part conserver la libre conduite de son avion en agissant à la fois sur le levier (5) et le cliquet (3).

Cela posé, supposons l'appareil en vol normal, l'enclanchement étant libéré, la nacelle tend à conserver sa position verticale et peut osciller autour de l'axe (2).

La biellette (8.9) liée à la nacelle par suite de l'existence du cliquet (3) suit le mouvement de celle-ci et oblige la queue (12) à pivoter autour de l'axe (11) par suite de l'action de la bielle (9.10).

On conçoit dès lors qu'à tout cabrage de l'avion corresponde un recul du point (8) et par suite une action de la queue qui donne à descendre et inversement.

Il est ainsi hors de doute que l'action de la nacelle oscillante stabilise en principe l'aérostable dans le sens longitudinal.

Nous n'essaierons pas de critiquer ici le prin-

MOREAU

Envergure : 14m.150
1,200
1,600
1,200
4,000
3,500
6,300
1,500
Alex Dumas

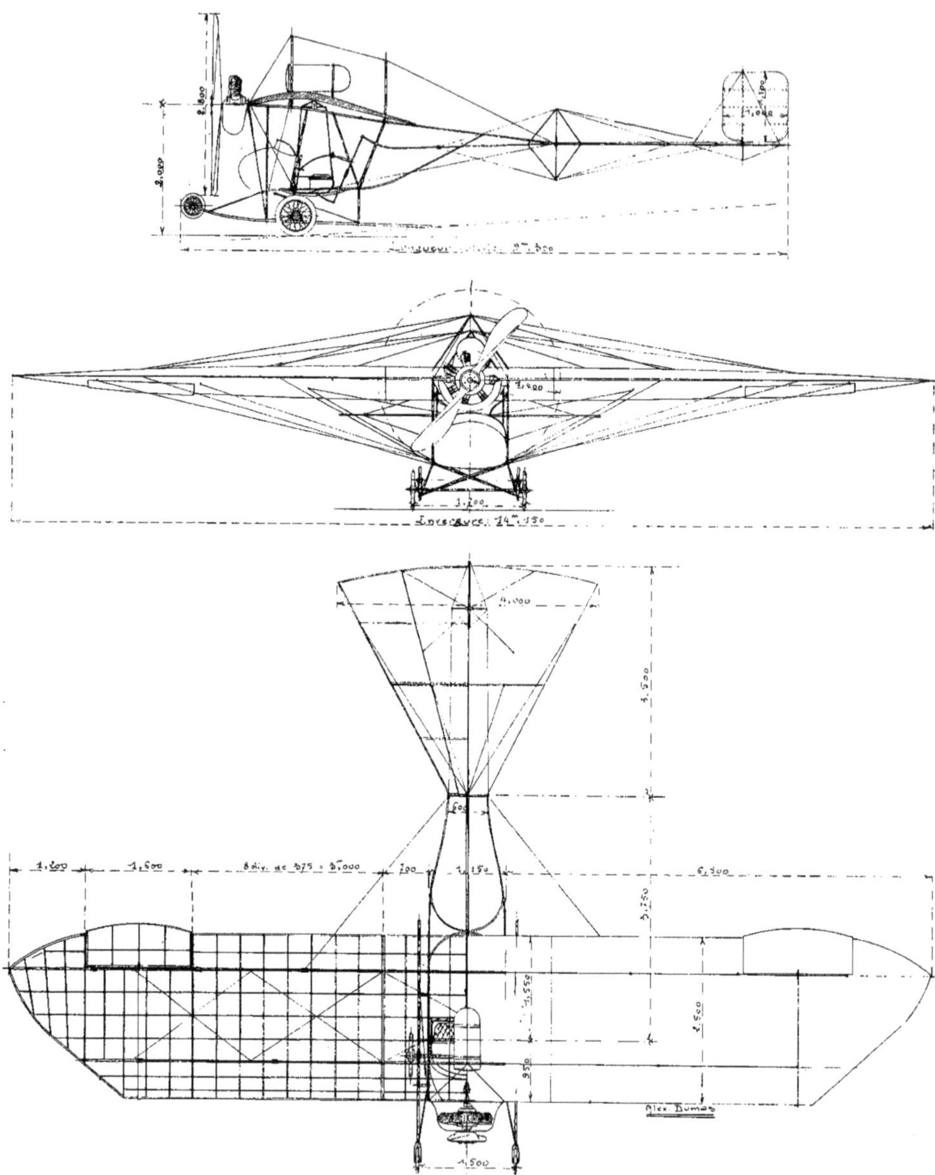

Le biplan en plein vol à Quincy

pice même du stabilisateur Moreau ; contentons-nous de signaler que pour parer au brusque effet de l'inertie de la nacelle, effet qui peut provoquer dans certains cas des contre-indications fâcheuses, un frein pneumatique est interposé qui réduit l'amplitude des contre-indications et donne à la trajectoire une plus grande régularité.

Ailes. — Les ailes de l'hélice, sensiblement dans le prolongement l'une de l'autre, sont à incidence décroissante du centre vers les extrémités. L'aile ainsi tordue à extrémités souples, alliée à position très basse du centre de gravité, assure l'inchavirabilité absolue.

Deux ailerons conjugués complètent le système; d'ailleurs l'intervention de ces ailerons est à peu près inutile dans les circonstances ordinaires du vol normal, la forme même des ailes donnant à l'appareil une stabilité latérale quasi automatique.

Châssis d'atterrissage. — Le châssis d'atterrissage est constitué essentiellement par un essieu relié à deux patins par le procédé classique des bagues de caoutchouc; mais les patins au lieu d'être liés invariablement au bâti forment avec les longerons inférieurs du fuselage deux parallélogrammes articulés dont la permanence de forme est assurée par l'interposition d'un extenseur puissant disposé selon l'une des diagonales.

Un tel châssis donne une grande souplesse à l'atterrissage mais possède les inconvénients inhérents aux organes similaires comportant des patins.

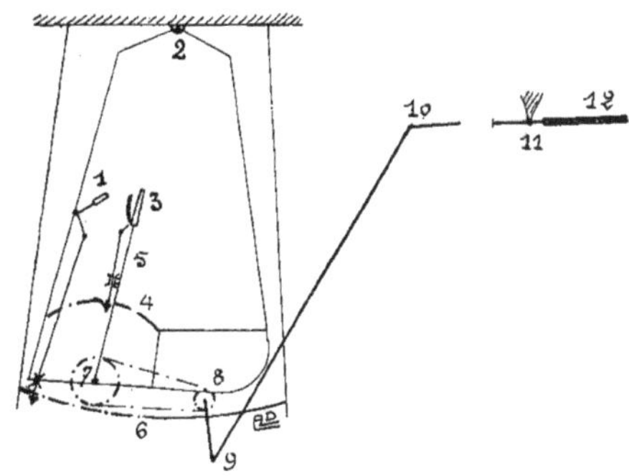

Queue. — La queue sensiblement triangulaire, entièrement mobile et non équilibrée a 8 mq de surface; elle agit donc avec une grande puissance, mais, néanmoins, avec une certaine sécurité en raison de son fonctionnement automatique.

Elle est reliée au levier de commande dont nous avons parlé plus haut, par l'intermédiaire d'une bielle de longueur réglable.

Au-dessus de cette queue et à sa partie arrière est fixé l'axe vertical du gouvernail de direction.

Poste de commande. — La nacelle oscillante qui porte le pilote et le passager est suspendue ainsi que nous l'avons dit plus haut à un axe horizontal voisin du lieu des centres de pression.

Le pilote et le passager sont assis côte à côte et protégés par un capot hémisphérique pourvu d'un saute-vent fixé à l'avant du bâti.

Le levier de commande avec sa manette est à portée de la main du pilote et son action est instinctive.

Nous avons vu d'ailleurs que l'aviateur ne conserve le libre contrôle de sa machine que lorsqu'il actionne ce levier, tout en agissant sur le cliquet qui lui est apposé.

En tous les cas, quelle que soit la position donnée au levier de commande, l'équilibre longitudinal de l'aérostable est assuré automatiquement, que le pilote ait donné à monter ou à descendre.

Groupe propulseur. — Le moteur rotatif porte l'hélice en prise directe et tourne à l'avant et au niveau des surfaces principales; un carter en tôle d'aluminium qui l'entoure dans toute sa partie inférieure protège les aviateurs contre les projections d'huile.

AÉROPLANES NIEUPORT

Les établissements Nieuport construisent plusieurs types d'avions terrestres et marins.

La plupart de ces appareils ont conservé les dispositifs qui caractérisaient les types antérieurs : même forme de fuselage, même châssis d'atterrissage.

Nous ne rappellerons pas les détails de construction de ces avions, type II N, II G, VI M, déjà décrits précédemment.

Le type II N est le monoplace militaire à moteur Nieuport 28 HP.

Le type II G est le monoplace militaire à moteur Gnôme 50 HP.

Le type VI M est le triplace de 100 HP.

Parmi les appareils les plus récents, nous signalerons l'hydroaéroplane type VI ; le biplace type X, passager à l'avant et le monoplace léger type XI.

Nous ne nous étendrons pas longtemps sur le biplace type X, transformation de l'ancien biplace type IV G pour les besoins militaires.

Ce qui caractérise cet appareil, c'est la position du passager assis devant le pilote, et pour qui l'angle privé de vue est extrêmement faible.

Tous les autres dispositifs appliqués à cet avion étaient antérieurement connus.

Le gauchissement peut être posé à volonté au pied ou à la main.

HYDRAVION TYPE VI

Fuselage. — Le fuselage, de forme quadrangulaire, comporte quatre longerons en frêne supportant le moteur à l'avant et réunis à l'arrière. La section maximum de ces longerons est de 40×28.

NIEUPORT

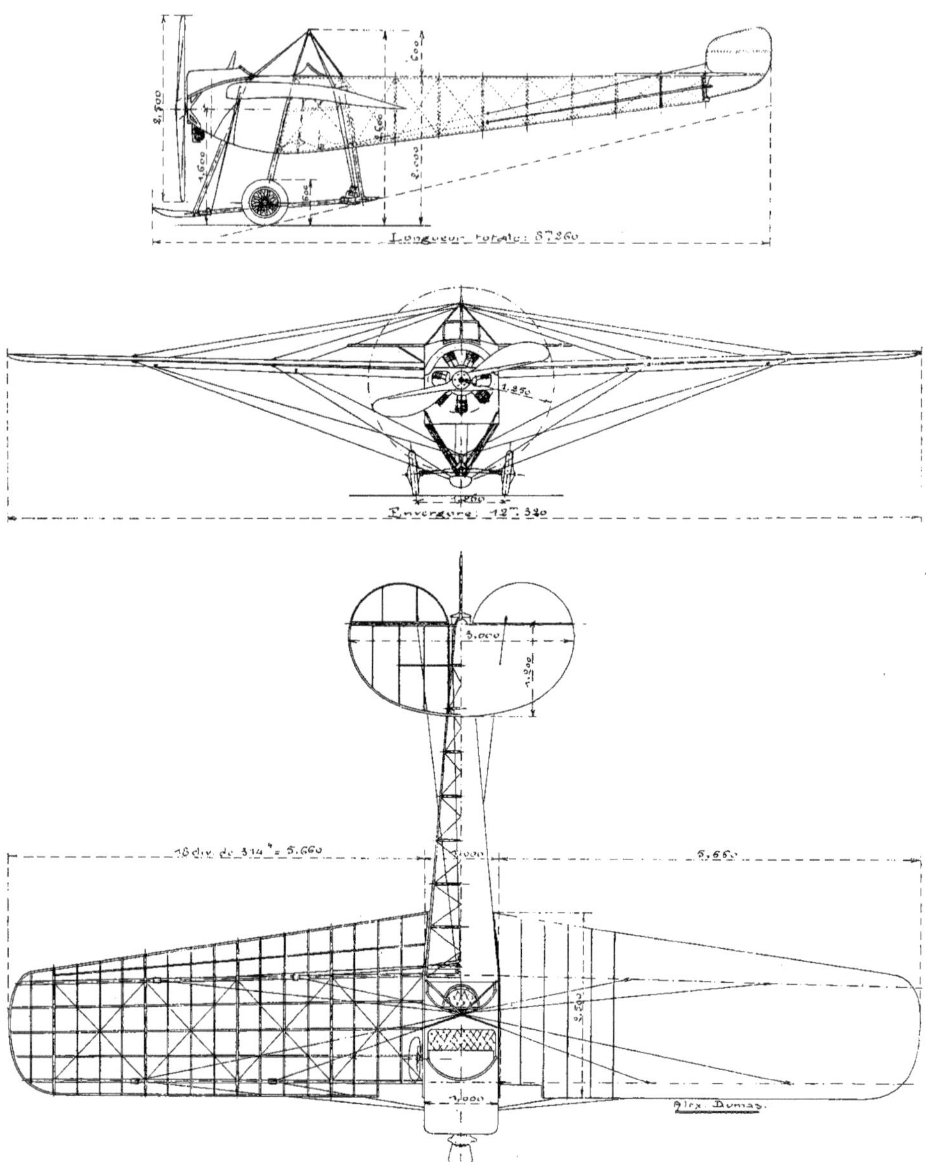

L'assemblage se fait par traverses bois et croisillons en fil d'acier HR.

Les montants d'ajustage des ailes sont en tubes d'acier.

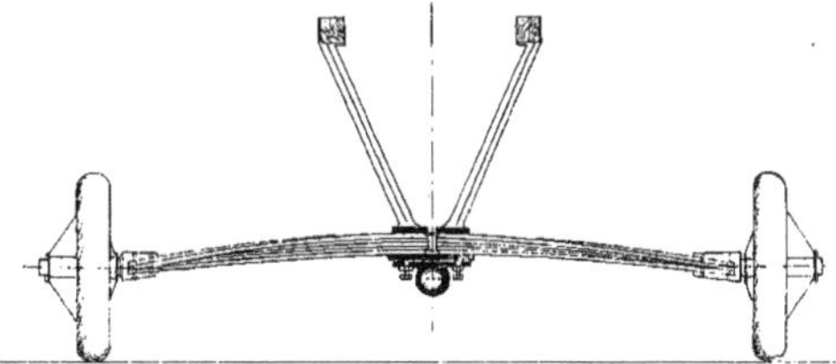

Le fuselage est entoilé et verni. Ses dimensions sont les suivantes :

Longueur : 6 m. 825.

Largeur : 0 m. 930.

Hauteur : 1 m. 050.

Flotteurs. — Les flotteurs sont au nombre de trois.

Deux principaux situés à l'avant et symétriquement par rapport à l'axe de l'appareil sont étudiés spécialement pour permettre un déjaugeage rapide tout en conservant une résistance à l'avancement minimum.

Deux ailerons placés à l'avant de chaque flotteur empêchent de prendre sur l'eau une inclinaison dangereuse.

Les flotteurs sont fixés au fuselage par quatre jambes de force ; un V avant et un V arrière soutiennent un patin central sur lequel sont fixées quatre traverses destinées à maintenir l'écartement constant entre les flotteurs.

Le flotteur arrière soutient la queue de l'appareil au repos. Il est fixé au fuselage au moyen de deux montants et d'un V en tubes d'acier.

Voilure. — Les ailes ont la forme générale d'un trapèze légèrement arrondi aux angles extérieurs. Leur profil est à double courbure. Le tissu est posé en biais et verni. L'ossature est formée de deux longerons réunis par des nervures. La section maximum des longerons est de 120×50 ; ils sont en frêne, de deux pièces entoilées.

Les lattes supérieures et inférieures des nervures sont en peuplier.

La triangulation des ailes à l'intérieur est assurée par des croisillons en cordes à pianos avec tendeurs.

Les dimensions des ailes et de leur attaches sont les suivantes :

Surface : 12 m. q. 400.

Longueur : 5 m. 660.

Largeur : 2 m. 580.

Haubannage supérieur : 6 câbles en fil tressé, 1 seul toron 6 m/m, 4,000 kgs.

Les câbles supérieurs sont reliés à une « cabane » renforçant la partie logeable du fuselage. Les câbles avant s'attachent à des points fixés ; les câbles arrière coulissent dans une gaîne en fibre.

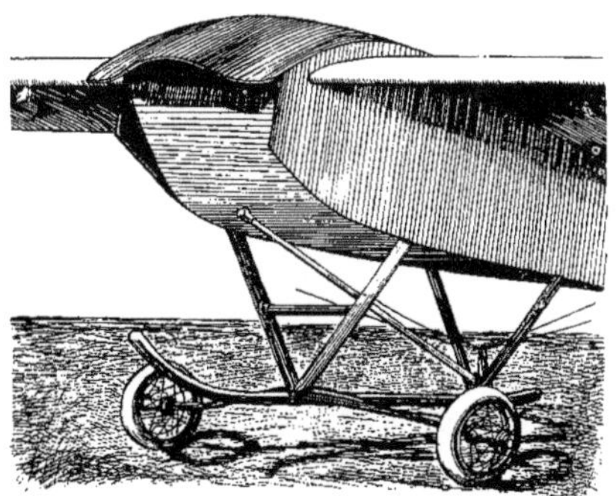

Groupe propulseur. — Le moteur Gnôme 100 HP est monté entre deux paliers et enfermé dans un capot d'aluminium qui évite toute projection d'huile. La partie supérieure de ce capot est démontable pour permettre la visite du moteur.

Consommation horaire : 45 litres d'essence ; 12 litres d'huile :

Un réservoir en charge situé sous le capot est divisé en deux compartiments avec niveaux et filtres.

Huile : 40 litres ;

Essence : 30 litres.

Un réservoir à essence sous pression est placé sous le siège : capacité : 96 litres.

Le moteur actionne, en prise directe, une

hélice de 2 m. 55 de diamètre et 2 m. de pas.

Il est pourvu d'un dispositif spécial de sécurité permettant la mise en marche de l'intérieur.

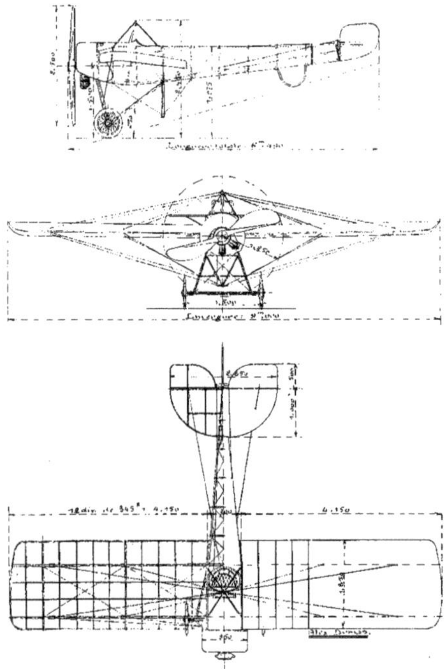

Empennages. — L'empennage horizontal, de forme elliptique, est constitué par des tubes d'acier fixés au fuselage par quatre jambes de force fixées au fuselage.

Largeur ; 3 mètres.

Profondeur : 1 m. 250.

Surface : 2 m. q., 800.

Un plan de dérive supérieur et un plan de dérive inférieur assurent la stabilité de route.

Commandes. — Les commandes de profondeur et de direction sont actionnées par un même levier, et par l'intermédiaire de fils tressés de diamètres 4 et 3 m/m.

Le gauchissement est aux pieds par pédalier et tube de commande directe.

MONOPLACE LÉGER, TYPE XI

Ce monoplan est caractérisé, essentiellement, par sa grande légèreté. C'est sur un appareil de ce type, que Legagneux disputa le record mondial de la hauteur.

Si la forme du fuselage, le dessin des ailes et celui des gouvernails diffèrent des dispositions antérieurement adoptées, ce qui distingue surtout cet avion, c'est son nouveau châssis d'atterrissage, impliquant la suppression du patin central.

Ce châssis, comporte la plupart des organes similaires construits par les autres firmes, un bâti trapézoïdal portant l'essieu élastique. Mais le guidage des roues est assuré par deux biellettes très judicieusement articulées.

Dans cet appareil, le gauchissement peut être monté indistinctement au pied ou à la main.

CARACTÉRISTIQUES GÉNÉRALES DES DIVERS TYPES

	II N	II G	VI (hydro)
Surface portante (mq.)	14	14	24,8
Poids à vide	240	310	545
Envergure	8.650	8 650	13.250
Longueur	7.150	7.200	8.700
Puissance (HP)	28	50	100
Charge utile	105	150	250
Vitesse	110	120	110

	VI M	X	XI
Surface portante (mq)	24,8	23,1	14,5
Poids à vide	480	400	270
Envergure	12.250	12.320	9
Longueur	8.400	8.260	6.490
Puissance (H.P.)	100	80	50
Charge utile	310	250	200
Vitesse	117	115	110

AÉROPLANES PONNIER

Les nombreux essais tentés par les établissements Ponnier, de Reims, peuvent nettement caractériser une tendance très accusée vers l'allègement de leur type initial de monoplan.

En effet, le Ponnier primitif n'était autre que le monoplan Hanriot-Pagny, démarquage du Nicuport. Cet appareil muni d'un châssis d'atterrissage parfaitement exécuté mais fort encombrant, était lourd (et c'était là son grand défaut).

Le Ponnier actuel (avion de cavalerie) pèche par l'excès contraire; il est un peu léger, et par cela même probablement fragile. Le juste milieu est facile à trouver.

Au cours de 1913, les établissements Ponnier ont construit, outre leurs monoplans de série bien connus et d'ailleurs appréciés (traversée des Alpes par Bielovucic), deux types de biplans métalliques dont les essais ont été concluants. Le premier de ces appareils, piloté par Bill, était un biplan à gauchissement, et réalisait une très grande vitesse. Le second, de plus grandes dimensions, était pourvu d'ailerons et fit de brillantes envolées.

Mais, plutôt spécialisé dans la construction des monoplans, la firme rémoise a établi deux types d'appareils : l'aéroplane de course et l'avion de cavalerie, dont l'intérêt est particulièrement saisissant.

DISPOSITIFS GÉNÉRAUX

Les avions Ponnier, établis uniformément suivant un principe immuable, comportent un fuselage pisciforme de section quadrangulaire. L'incidence des ailes est très faible. Celle de l'empennage arrière est nulle ou négative.

Il est évident que le profil des ailes est déterminé par les besoins auxquels l'aéroplane doit satisfaire. Mais, ce qui caractérise chaque appa-

PONNIER

2,500
1,500
650
2,300
5,260
1,250
1,300
9,200
2,200
14 divisions de 300
800
4,200
5,260
Alex. Dumas

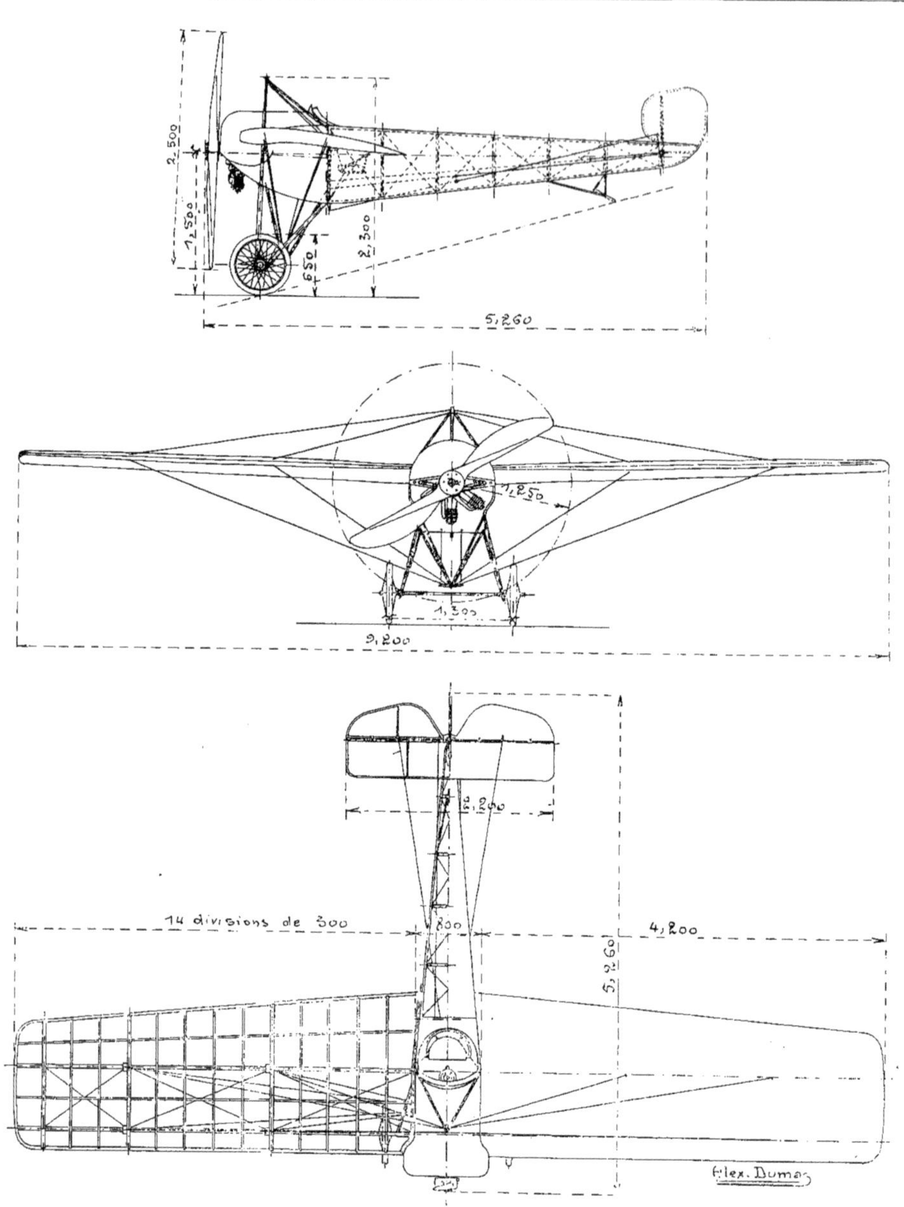

reil, c'est essentiellement la forme de son fuselage.

En effet, le corps de l'avion dépend de la section au maître-couple et de la distance de celui-ci aux extrémités du fuselage considéré

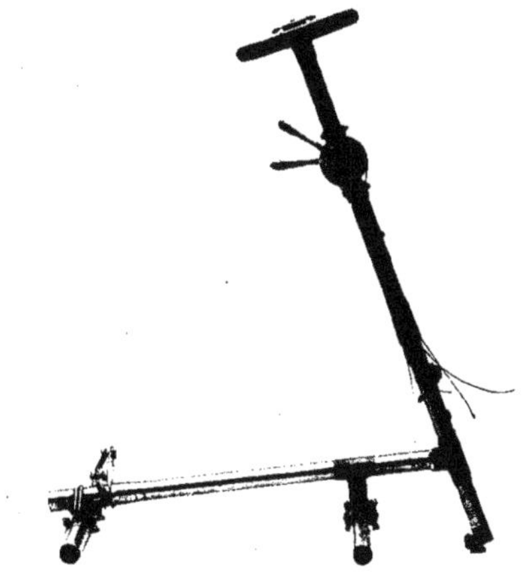

mathématiquement comme un solide d'égale résistance en compression. Le profil supérieur du panneau latéral est fonction des données rigoureuses suivantes : longueur du corps, emplacements respectifs des ailes, du moteur et de l'empennage. Le profil inférieur résulte exclusivement de l'importance du maître-couple, et celui-ci de l'encombrement du moteur, de son mode de fixation, de l'importance et de la nature du poids utile à transporter.

C'est ainsi que la flèche du « ventre » est très prononcée sur le monoplan de course D-3 dont le fuselage doit abriter, dans l'espace très restreint compris entre les deux poutres d'ailes, le pilote et les ravitaillements pour deux heures de marche. Le pilote est presque debout et commande le gouvernail de direction par un levier à pédales substitué au palonnier habituel.

Fuselage. — Le fuselage entièrement entoilé, affecte transversalement la forme d'un trapèze de section variable dont la grande base est constituée par la face supérieure.

La réunion des montants aux longerons est assurée par des pièces d'acier embouti dont la présence n'affaiblit en rien la section des diverses barres aux assemblages.

A la partie avant, le fuselage comporte un

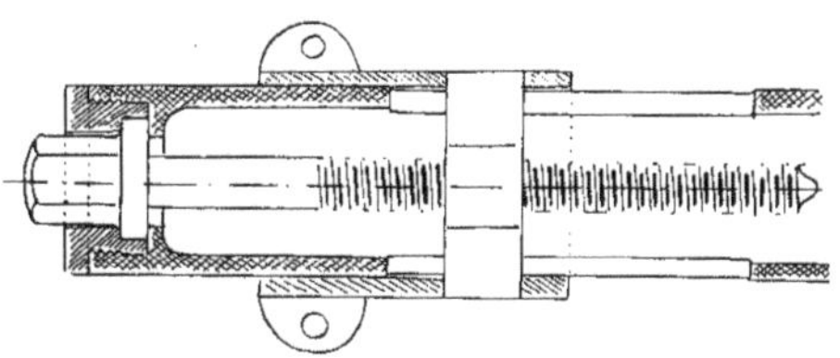

châssis métallique servant à l'assemblage du train d'atterrissage et au montage du moteur.

Ailes. — Les ailes sont constituées par une série de nervures assemblées sur deux longerons

en frêne judicieusement haubannés. Le profil de la voilure varie avec les applications de l'appareil auquel elle est adaptée ; mais, pour tous les types, les faces supérieures et inférieures présentent des profils parallèles raccordés à l'arrière, et réunis à l'avant par une attaque en coin.

Le haubannage est frappé sur les longerons par l'intermédiaire de colliers en acier et d'attaches à la cardan, de telle sorte que la traction des haubans s'effectue d'une façon rationnelle sans développer d'efforts secondaires dans aucune partie de la charpente.

MONOPLAN DE COURSE

Extrêmement simplifié, ce petit appareil comporte un fuselage défini comme ci-dessus et une paire d'ailes extra-plates gauchissables.

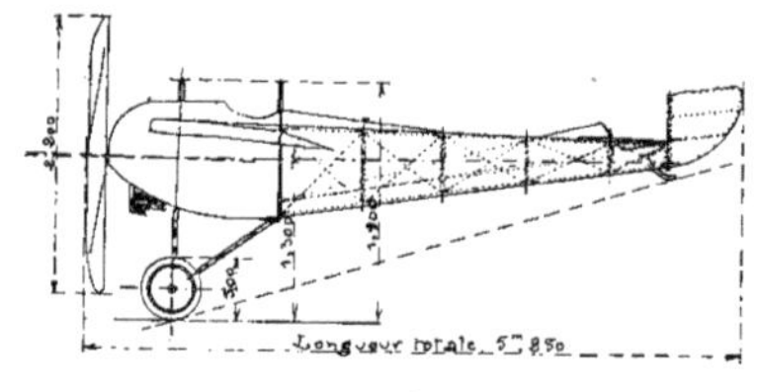

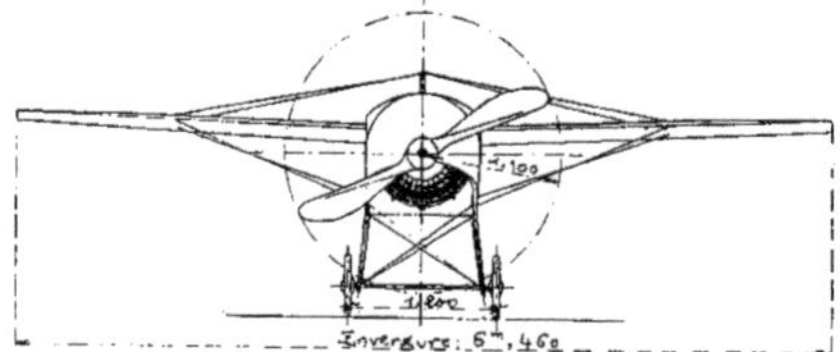

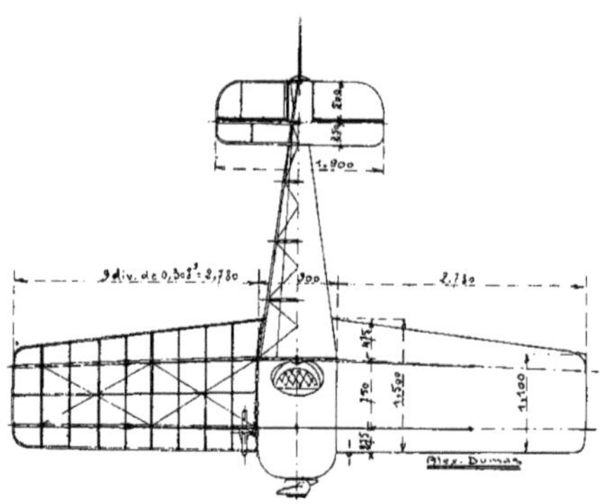

La surface agissante de l'arrière est très importante, et cela est conforme aux tendances actuelles de la construction aéronautique, favorables à la suppression des empennages fixes et à l'amplification des commandes.

La flèche du « ventre » du fuselage est très accentuée, ainsi que nous l'avons vu précédemment; néanmoins, elle a diminué notablement depuis le premier monoplan D-3 établi par la Société Anonyme des Appareils d'aviation Hanriot. La ligne générale n'a pas changé. Le capot, cependant, s'est affiné et a pris une forme de meilleure pénétration.

L'ensemble est moins encombrant; la cabane supérieure a disparu pour faire place à deux petits poinçons de haubannage dont la saillie est très faible.

Le moteur demeure apparent sur la moitié de sa surface.

Le châssis d'atterrissage, extrêmement simplifié, comporte deux séries de montants en V disposées latéralement et réunies à leur partie inférieure par une traverse qui n'est autre que l'essieu des deux roues.

Aucun amortisseur n'est interposé.

Le moteur est monté entre deux flasques à l'avant du fuselage et actionne l'hélice en prise directe.

AVION DE CAVALERIE

Très léger, trop léger peut-être, cet appareil témoigne d'une vitesse d'ascension réellement stupéfiante. Mais l'ensemble des dispositifs qui le caractérisent en fait, plutôt qu'un appareil militaire, un véritable aéroplane de sport.

Il ressemble, somme toute, au monoplace Nieuport, sur lequel, cette fois, il n'a cependant pas été plagié.

CARACTÉRISTIQUES GÉNÉRALES

	Monoplan de Course	Avion de Cavalerie
Surface portante	7 mq., 8	13 mq.
Poids à vide	320 kg.	215 kg.
Envergure	6,460	9,200
Longueur totale	5,250	5,260
Charge utile	170 kg.	160 kg.
Puissance	160 HP	60 HP
Vitesse	210 km.-h.	135 km.-h.

AÉROPLANES REP

Qu'ils soient monoplaces ou biplaces, les monoplans REP sont composés des mêmes organes constitutifs. Seules varient les dimensions générales qui feront l'objet du tableau récapitulatif exposé plus loin.

La description ci-dessous est donc absolument générale :

Fuselage. — Le fuselage est entièrement métallique.

Il est composé de tubes d'acier étirés, reliés entre eux par des raccords fondus, le tout fortement triangulé.

A l'avant, une plaque rectangulaire, perpendiculaire à l'axe de l'appareil, est destinée à soutenir le moteur ; un cadre pentagonal en tubes d'acier, parallèle à cette plaque, sert de support au châssis d'atterrissage,

Ce cadre sert de gabarit à la partie habitable du fuselage, qui contient, dans sa partie supérieure, le pilote et, éventuellement le passager, et dont la partie inférieure est occupée par le réservoir sous pression.

La partie arrière du fuselage est triangulaire, et se relie à la partie pentagonale par les deux angles supérieurs et l'angle inférieur. Cette dernière portion supporte, tout à fait à l'arrière, les empennages et les gouvernails.

Voilure. — Les ailes sont constituées par une carcasse en bois comportant deux longerons qui servent de soutien aux nervures, et sont entretoisées par un contreventement intérieur en cordes à piano.

Les ailes sont soutenues par les haubans ventraux et dorsaux.

Les premiers, chargés de porter le poids de l'appareil en plein vol, comportent un système d'attache tout à fait spécial, qui donne toute sécurité, et de plus sont fixés sur des

REP

Longueur totale: 6,740
1,800
Envergure: 10m,250
16 div de 265 6 = 4,250
4,250
6,740
1,400
Alex. Dumas

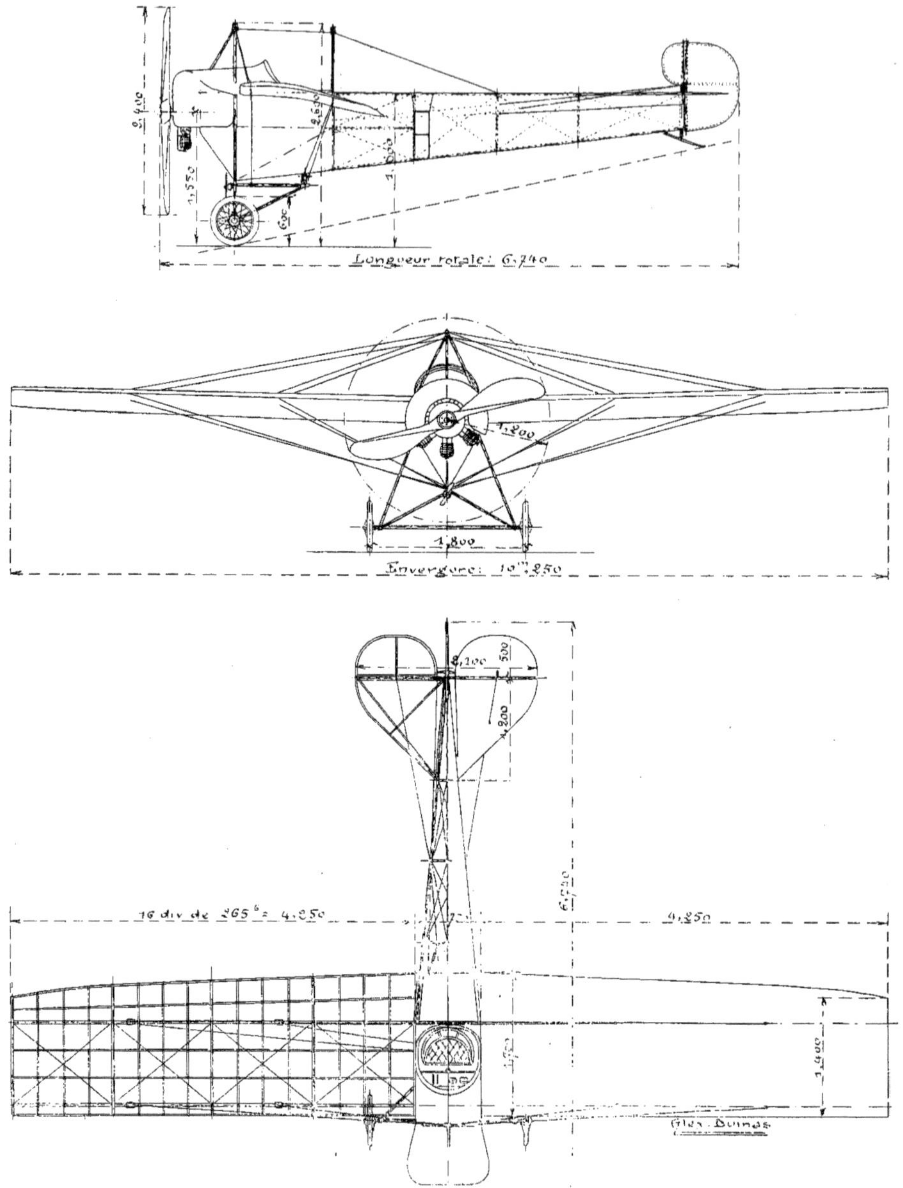

pièces munies d'axes à cardan pour éviter que, dans les mouvements de gauchissement, aucun effort de flexion n'agisse sur les tendeurs de réglage.

Empennages et gouvernails. — Les empennages et gouvernails placés à l'arrière ont

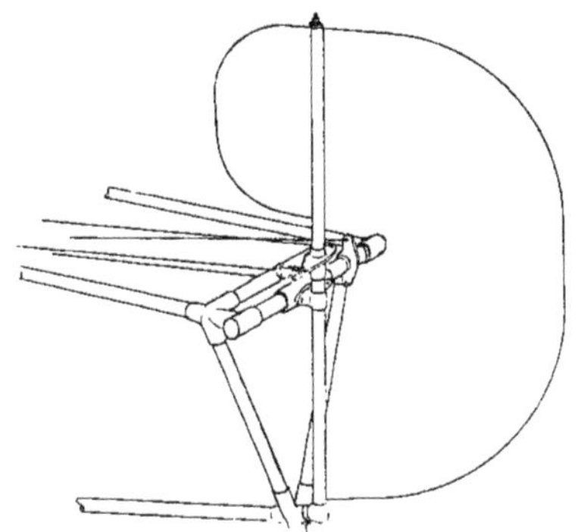

une armature en tubes d'acier, et sont munis de roulements à billes partout où cela a été possible.

La pose de ces organes a été conçue pour les rendre très rapidement démontables, tout en leur conservant une très grande sécurité de fixation, et de telle manière que, même lors des démontages rapides, des interversions ne puissent se produirent dans les commandes.

Commandes. — Un levier vertical monté à cardan, placé devant le pilote, actionne l'équilibreur et le gauchissement.

La direction est aux pieds.

L'avance à l'allumage et l'admission des gaz sont placées à portée de la main du pilote de telle façon qu'il faille pousser en avant pour accélerer et tirer à soi pour ralentir.

Réservoirs et accessoires. — Les réservoirs de l'appareil sont au nombre de deux.

Le réservoir supérieur, placé sur le dos du fuselage, est en charge, et contient de l'huile en *a* et de l'essence en *b*, qui alimente le carburateur *e* par l'intermédiaire du pointeau de débit.

Le réservoir de quille *d*, alimente le réservoir supérieur par l'intermédiaire d'une pompe à essence *e* actionnée par la petite hélice *f*; le tube *g* ramène au réservoir de quille l'excédent du trop plein du réservoir supérieur.

Le réservoir inférieur possède un robinet de vidange *h*.

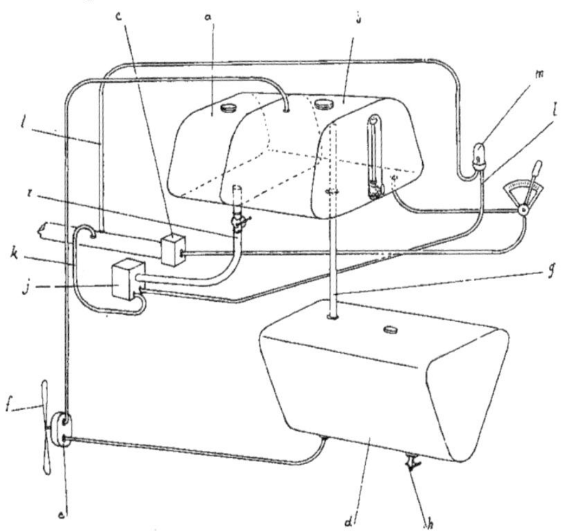

La tuyauterie d'huile comporte un tube *i* de fort diamètre alimentant la pompe à huile *j* d'où partent deux tubes qui se rendent au tube-vilebrequin du moteur : l'un *k*, directement; l'autre *l* en passant par la cloche à huile ou controller *m*

Châssis d'atterrissage. — Le train d'atterrissage des monoplans REP est constitué par le système dénommé « trièdre déformable », qui est le suivant : L'essieu de chaque roue est solidaire d'un tube montant qui s'articule par sa partie supérieure à un coulisseau glissant lui-même sur l'un des montants verticaux du premier cadre pentagonal.

Ce coulisseau, par son côté intérieur à l'appareil, est attaché à des extenseurs en caoutchouc qui constituent la partie élastique de la suspension.

Pour maintenir la roue transversalement, une bielle s'articule d'une part sous l'essieu et d'autre

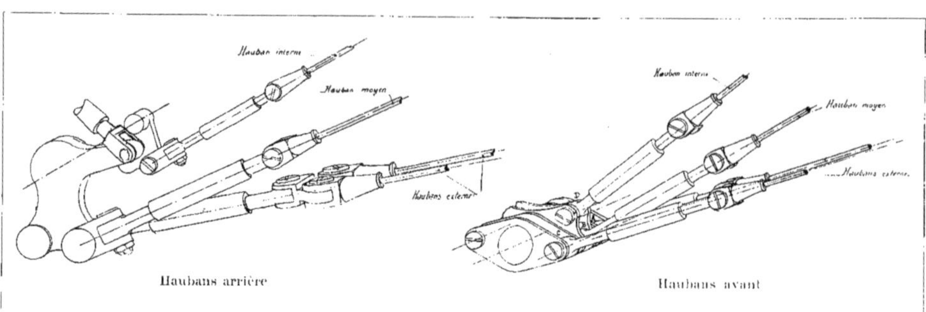

Modes d'attache des haubans.

part tout à fait au bas du premier cadre pentagonal.

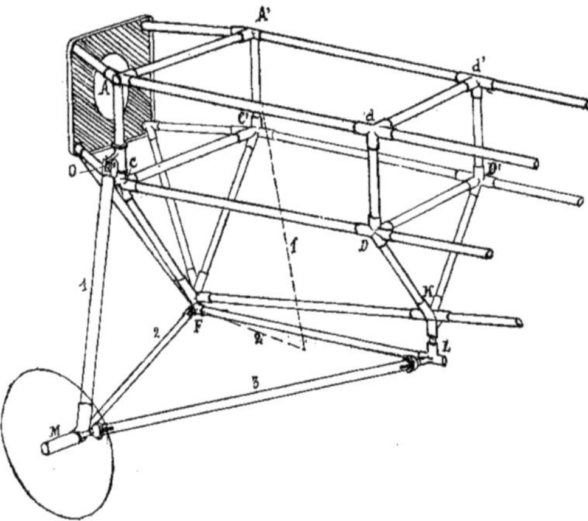

Train d'atterrissage Rep

Pour maintenir la roue en longueur, une contrefiche montée à ses deux extrémités sur rotule sphérique, va de la partie interne de l'essieu au bas du 2e cadre pentagonal.

Les organes de sécurité et de contrôle, mis à la disposition du pilote, sont :

L'indicateur de vitesse, placé sur l'aile, en dehors du cône de refoulement de l'hélice (indique si les vitesses critiques sont sur le point d'être atteintes) ;

La ceinture élastique à débouclage instantané ;

Un altimètre ;

Une montre ;

Un porte-carte ;

Un extincteur.

CARACTÉRISTIQUES GÉNÉRALES DES DIVERS TYPES

	Monoplace	Biplace
Surface portante	15,2 mq.	18,9 mq.
Poids à vide.	270 kg.	305 kg.
Envergure.	10m250	11m250
Longueur totale	6m740	7m680
Puissance	60 HP	80 HP
Charge utile	160 kg.	250 kg.
Vitesse	120 km.-h.	115 km.-h.

AÉROPLANES PAUL SCHMITT

Les succès remarquables du biplan Paul Schmitt sont-ils dus au mécanisme de variation d'incidence qui caractérise ce type d'aéroplane, ou bien au contraire sont-ils imputables uniquement à d'excellentes qualités aérodynamiques de la voilure elle-même?

Il est probable que, réellement, l'incidence affecte dans des proportions intéressantes la marche de l'aéroplane. Nous n'en voulons pour preuve que les résultats d'expériences suivants :

L'appareil, avec sa charge de 620 kgs prend son essor à une vitesse ascensionnelle de 100 mètres à la minute pour les 500 premiers mètres, en utilisant une incidence de 4°,5.

Pour battre le record de la hauteur, Garaix augmenta progressivement l'incidence jusqu'à 7°.

Pour battre le record de vitesse, il ramena en vol l'incidence jusqu'à 1°,5.

L'incidence maxima utilisée dans les différents records de hauteur n'a jamais dépassé 9 degrés.

Avec une incidence de 11°, moteur ralenti, l'appareil avec 450 kgs de charge vole à une vitesse inférieure à 49 k., 700, à une hauteur constante de 25 mètres au-dessus du sol, le fuselage restant rigoureusement horizontal (essai effectué sur un parcours en ligne droite de 1 kilomètre, moyenne prise sur deux voyages effectués dans les deux sens).

L'incidence ramenée à 1°, dans les mêmes conditions de charge, Garaix a réalisé la vitesse moyenne de 116 kil. à l'heure, sur le même parcours effectué dans les mêmes conditions.

L'hélice employée dans ces deux essais est une hélice de 3 m. 100 de diamètre, 1 m. 800 de pas, tournant à une vitesse n'ayant jamais atteint 1,150 tours.

SCHMITT

2,000
550
2,000
13,500
500
850
500
Envergure : 17,500
3,000
Alex Dumas

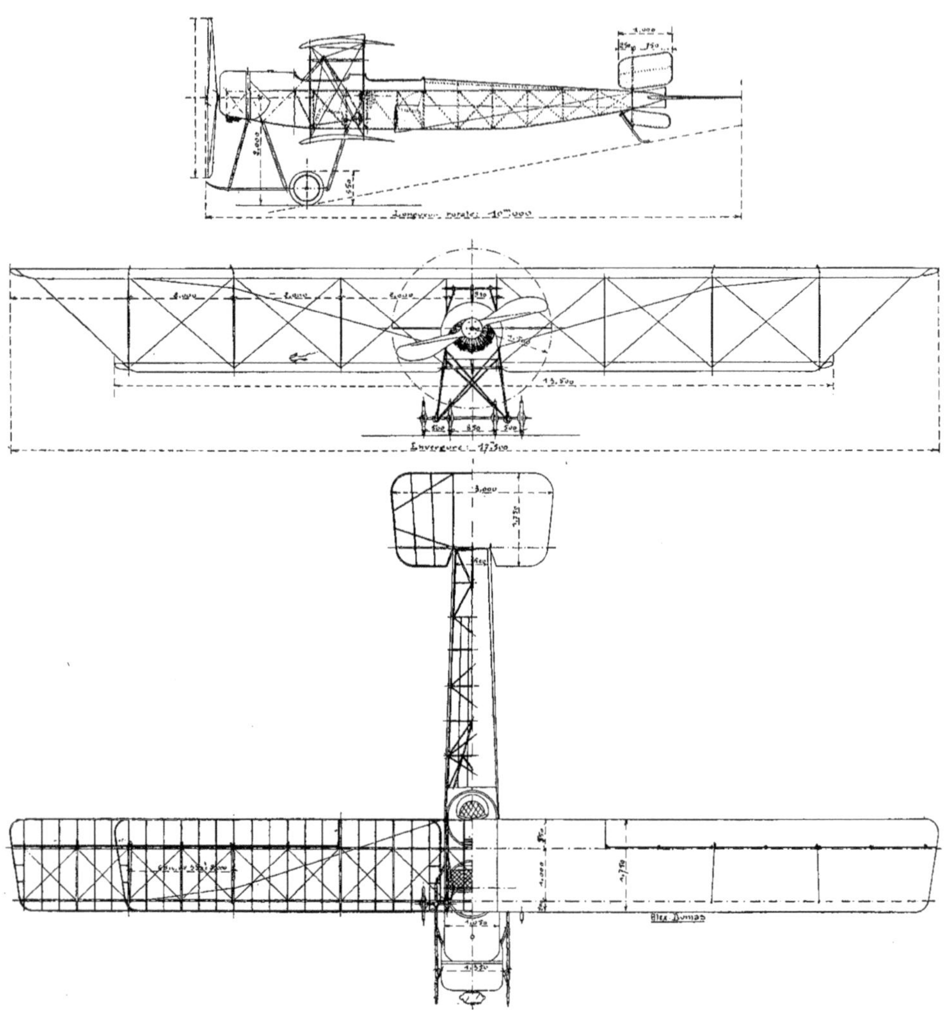

Tout commentaire affaiblirait la portée de ces simples faits.

Principe. — Le principe qui régit l'appareil Paul Schmitt est exposé dans le texte du brevet d'invention n° 402,781, délivré le 7 septembre 1909. Nous ne l'exposerons pas tout au long au cours de cet ouvrage ; qu'il nous suffise de signaler que, dans le but de réaliser un appareil à incidence variable, dans lequel la modification de l'angle d'attaque n'affecte pas l'équilibre de la machine, M. Paul Schmitt a imaginé de suspendre le fuselage et son châssis d'atterrissage autour d'un axe transversal tel que, pour toutes les incidences comprises entre les limites utilisées pratiquement, cet axe d'oscillation, le centre moyen de pression et le centre de gravité soient sur la même verticale.

D'ailleurs, dans son brevet, M. Paul Schmitt démontre (au moyen d'une formule reconnue depuis inexacte) qu'un tel axe peut exister, si l'on consent à faire abstraction des décimales négligeables.

Le but initial de l'inventeur était de réaliser un appareil dans lequel toutes les qualités rectrices dans le plan vertical et stabilisatrices longitudinales soient assurées sans le secours du gouvernail de profondeur.

Mais si, à cet aéroplane, on adjoint un équilibreur lié au fuselage, on réalise une machine susceptible de voler pour toutes les incidences considérées en conservant ses qualités stabilisatrices dans tous les cas qu'il est possible d'envisager.

Commandes. — Le mécanisme de variation d'incidence est, en lui-même, fort simple : sur l'axe (1) lié invariablement au fuselage F sont montés deux volants (2) et (3) concentriques. Le volant (2) commande, par l'intermédiaire des pignons (4) et (5) et de la chaîne (6) la vis (7) sur laquelle peut coulisser l'écrou (8) qui règle la position de la cellule oscillante au moyen des deux bielles (8-9).

Le volant (3), solidaire du pignon (10), commande de même la vis (7), mais permet, en raison de la grande démultiplication interposée, des mouvements d'une amplitude plus limitée.

L'existence de l'écrou (8) rend le mécanisme parfaitement irréversible.

La cellule est reliée au fuselage F ;

1° Par le moyen de l'axe O ;

2° Par l'intermédiaire du chemin de roulement circulaire R ayant son centre en O, et que deux jeux de galets G, G 1, montés sur roulements à billes, guident avec la plus grande précision.

Chacun de ses deux systèmes est assez résistant en soi-même pour porter le poids total de

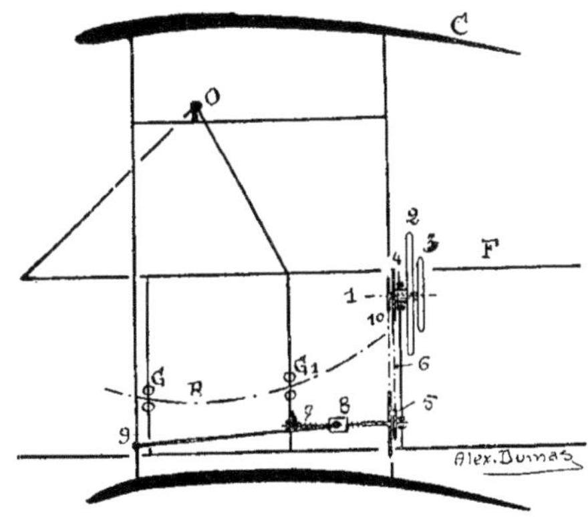

SCHEMA DU DISPOSITIF DE VARIATION D'INCIDENCE

O, axe d'oscillation des ailes sur le fuselage. — C, aile supérieure. — F, fuselage. — R, chemin de roulement circulaire. — G, G 1, galets.

1, axe des volants de commande : 2 et 3, volants ; 4 et 5, pignons à chaîne : 6, chaîne : 7, vis de commande : 8, écrou curseur : 9, articulation de bielle : 10, pignon de chaîne de seconde vitesse de commande.

la machine avec un coefficient de sécurité suffisant.

Equilibreur. — L'équilibreur monoplan a une surface de 5 mètres carrés. Il est entièrement mobile et compensé. Susceptible de prendre toutes les incidences comprises entre — 20° et + 20°, il présente certainement une sensibilité telle que son action doit présenter, dans certains cas, un danger flagrant. D'ailleurs, il suffit, pour l'éviter, de limiter la course de l'équilibreur, ce qui, au premier abord semble facile.

M. Paul Schmitt a imaginé un dispositif fort ingénieux qui permet au gouvernail de profondeur d'être en équilibre indifférent, quant aux forces dues à la pesanteur, autour de son axe d'oscillation.

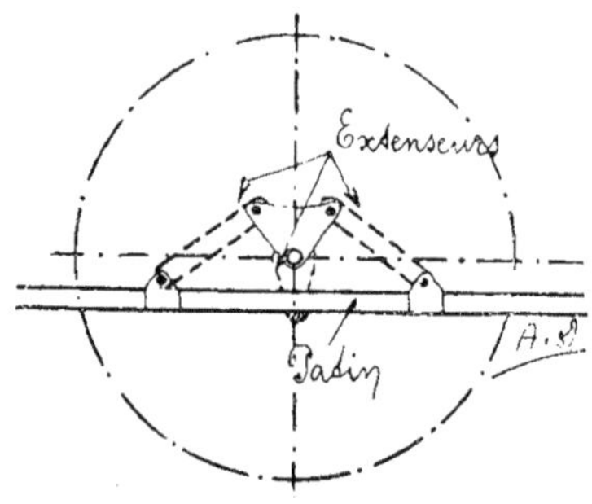

Dans la plupart des appareils, le poids de cet organe est équilibré, dans la position moyenne, par un extenseur disposé à cet effet. Mais lorsque l'inclinaison du gouvernail varie, la longueur (et par suite la tension) de l'extenseur étant modifiée, il n'y a plus équilibre et le pilote est obligé de fournir un effort plus grand.

M. Paul Schmitt a imaginé que, si l'extenseur était de longueur infinie, son allongement pour une variation d'incidence de l'équilibreur serait négligeable et sa tension, par conséquent, pratiquement invariable. Ce dispositif est réalisé par l'interposition de deux moufles sur lesquelles est enroulé l'extenseur. De sorte que, au repos, le gouvernail est parfaitement équilibré dans toutes ses positions. Comme il est, d'autre part, compensé, il en résulte que le pilote peut, sans aucune fatigue, en conserver le contrôle permanent.

Châssis d'atterrissage. — Le châssis d'atterrissage comporte quatre roues disposées sur un essieu unique. Cet essieu est lié à deux patins puissants par l'intermédiaire de trois groupes d'amortisseurs permettant des déplacements considérables en tous sens.

Construit presque entièrement en tubes d'acier à haute résistance, le triplace Paul Schmitt possède un fuselage de section variable dont les réparations éventuelles doivent être délicates.

Néanmoins, il se présente avec de hautes qualités aérodynamiques qui en font, incontestablement, un des meilleurs parmi les appareils lourds.

CARACTÉRISTIQUES GÉNÉRALES

Surface portante.	49 mq.
Poids à vide.	650 kgs.
Envergure supérieure. . .	17 m. 500
— inférieure . . .	13 m. 500
Longueur totale	10 m.
Puissance	160 HP.
Charge utile maximum. .	823 kgs.
Vitesse minimum	40 km. h.
Vitesse maximum	116 km. h.

AÉROPLANES VENDOME

Raoul Vendôme est le plus ancien des constructeurs français — et peut-être le plus ingénieux. La place nous manque ici pour faire l'historique de ses travaux. Mais rappellerons-nous que, il y a sept ans, il avait déjà construit un monoplan à gauchissement universel, qui fut exposé au premier salon de l'aviation?

Faut-il parler du petit biplan expérimenté il y a cinq ans à Issy-les-Moulineaux, et qui enleva trois personnes avec un moteur Turcat-Méry de 18 HP pesant 10 kgs par cheval?

Ces essais déjà bien anciens montrent très nettement quelle expérience peut avoir acquise celui qui les tenta.

Dans les « Aéroplanes de 1912 », nous avons décrit deux types d'appareils, le monoplace repliable et le biplace militaire. De la transformation de ce dernier est né le type d'avion à démontage rapide dont nous parlerons maintenant.

Cet aéroplane-type peut recevoir éventuellement un blindage en tôle de 3 m/m dont l'application diminue, évidemment, la charge utile.

CARACTÉRISTIQUES

Surface portante	16 mq.
Poids à vide	225 kg.
Envergure	8m600
Longueur totale	5m450
Puissance	60 HP
Charge utile	180 kg.
Vitesse	130 km.-h.

VENDOME

2,400
700
1,520
1,530
8,650
1,350
1,800
12 divisions de 335
610
5,550
4,020
2,000
Alex. Dumas

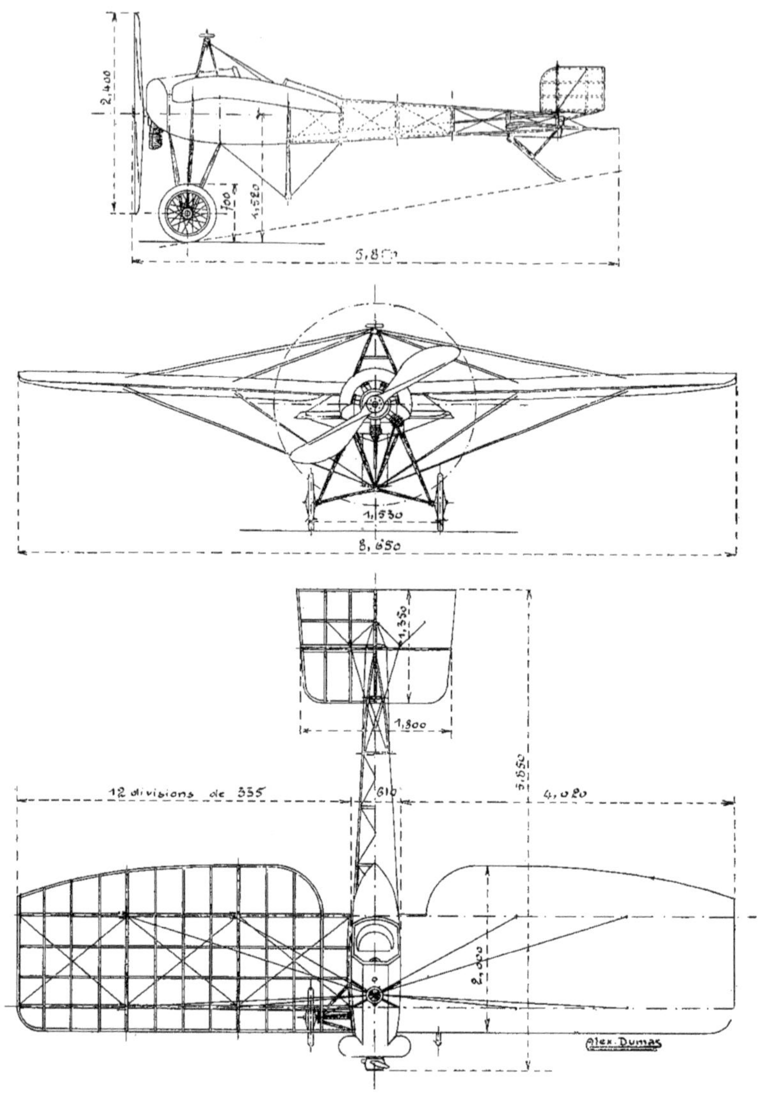

Fuselage. — Le fuselage des monoplans Vendôme est entièrement construit en bois d'hickory. Extrêmement robuste, ce bois doit à ses fibres très longues une grande élasticité ; et nous pourrions citer un grand nombre de cas où son emploi sauva la vie du pilote et la bourse du constructeur.

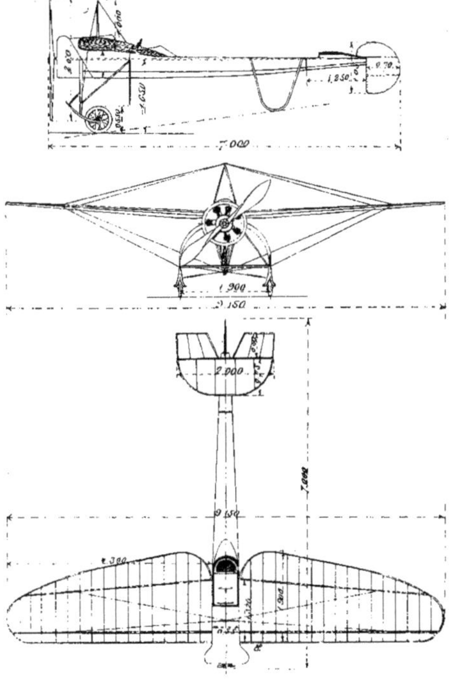

Le biplan militaire de 1912.

Le fuselage se compose de quatre longerons réunis par des montants et traverses assemblés sans aucun percement, contreventés et croisillonnés par des cordes à pianos pourvues de tendeurs.

Le poste du pilote et éventuellement celui du passager sont renforcés par des cerceaux en bois courbé.

Le fuselage est fermé à l'avant par un capot en tôle d'aluminium et entièrement entoilé dans toute sa longueur.

Le moteur rotatif est enfermé dans un carter qui protège le pilote contre les projections d'huile. Celui-ci est assis entre les ailes, en arrière des réservoirs.

Voilure. — Les ailes, construites en hickory, sont extrêmement soignées.

Les âmes et les liteaux sont asssemblés par des vis de laiton, et marouflés sur toute leur longueur.

Le montage des ailes s'effectue, pour chaque longeron, par une articulation prise dans une chape, laquelle chape est solidaire d'un montant renforcé.

La barre de compression est constituée par une sorte de pont en hickory.

Le démontage des ailes est instantané : il suffit de desserrer de quelques tours un volant disposé à la partie supérieure du pylône de haubannage, pour laisser baisser les ailes et détendre, sans aucun déréglage, les haubans inférieurs qui sont ensuite libérés par le jeu d'une goupille retenue en temps normal par un simple mousqueton à ressort.

Prenant l'aile au moyen d'une poignée ménagée près de l'épaule, contre le longeron antérieur, il suffit de la faire basculer autour de la genouillère qui fixe le longeron arrière pour l'amener le long du fuselage où elle se trouve accrochée sans le besoin d'aucun organe étranger.

Soixante-dix secondes après le commencement du démontage, l'appareil est prêt à être garé dans son fourgon.

Châssis d'atterrissage. — Il est constitué par un essieu brisé dont les extrémités coulissent chacune dans une glissière solidaire du bâti en V correspondant; son mouvement est amorti par le jeu d'extenseurs.

L'amortisseur à anneaux de caoutchouc ne

passe pas sur le tube, comme dans la plupart des appareils. Il retient simplement une chape qui embrasse l'essieu.

Le châssis d'atterrissage et le montage du moteur sur le nouveau monoplan.

Par le simple jeu d'une clavette, l'essieu peut être libéré de l'amortisseur, et, se mouvant dans une glissière verticale, permet de baisser tout l'appareil de 0 m. 300 pour le faire pénétrer dans le fourgon réglementaire.

Commandes. — Les commandes sont du type instinctif : un levier à la main pour la stabilisation longitudinale et transversale, un palonnier au pied pour la direction.

Organes de stabilisation. — La stabilisation latérale s'effectue par gauchissement.

La stabilisation longitudinale est assurée par un gouvernail de profondeur articulé autour de l'arête postérieure d'un empennage faiblement porteur.

L'articulation est réalisée au moyen de charnières en cuir chromé vissées sur les longerons correspondants de l'empennage et du gouvernail de profondeur.

Le gouvernail de direction est compensé et articulé autour d'une sorte d'étambot constituant l'arête postérieure du fuselage; il est disposé ainsi au-dessus des plans stabilisateurs, et permet de rabattre ceux-ci pour diminuer l'encombrement de l'appareil au repos.

AÉROPLANES VOISIN

Le nouveau type d'appareil établi par Gabriel Voisin, pour répondre aux besoins divers de l'État-Major de l'armée, se distingue nettement des avions précédents ; d'abord par sa légèreté, ensuite par le caractère très mécanique de toutes les solutions adoptées.

La légèreté, qui n'exclut aucune des qualités de robustesse des appareils de la marque, a été obtenue grâce à une réduction de l'envergure, à la suppression de toute surface sustentatrice fixe à l'arrière et à l'emploi d'un moteur extra-léger, le 80 HP Gnôme ou Le Rhône. Tout équipé et en ordre de marche, l'appareil ne pèse que 490 kgs, tout en étant entièrement métallique, c'est un résultat intéressant, car les avantages multiples que présente la construction en acier sont de plus en plus appréciables à mesure que les appareils d'aviation deviennent de réels engins de guerre.

Voilure. — L'envergure du nouveau Voisin est de 13 m. 500 ; les deux plans haut et bas sont égaux et distants de 1 m. 500.

Leur profondeur moyenne est de 1 m. 550, ce qui porte à 42 mètres carrés environ la surface totale de l'appareil.

La cellule démontable instantanément, en deux moitiés, comporte en tout douze montants en tubes profilés 30×15 de 10/10 d'épaisseur. La poutre qui réunit la cellule aux empennages d'arrière en comporte quatre également profilés.

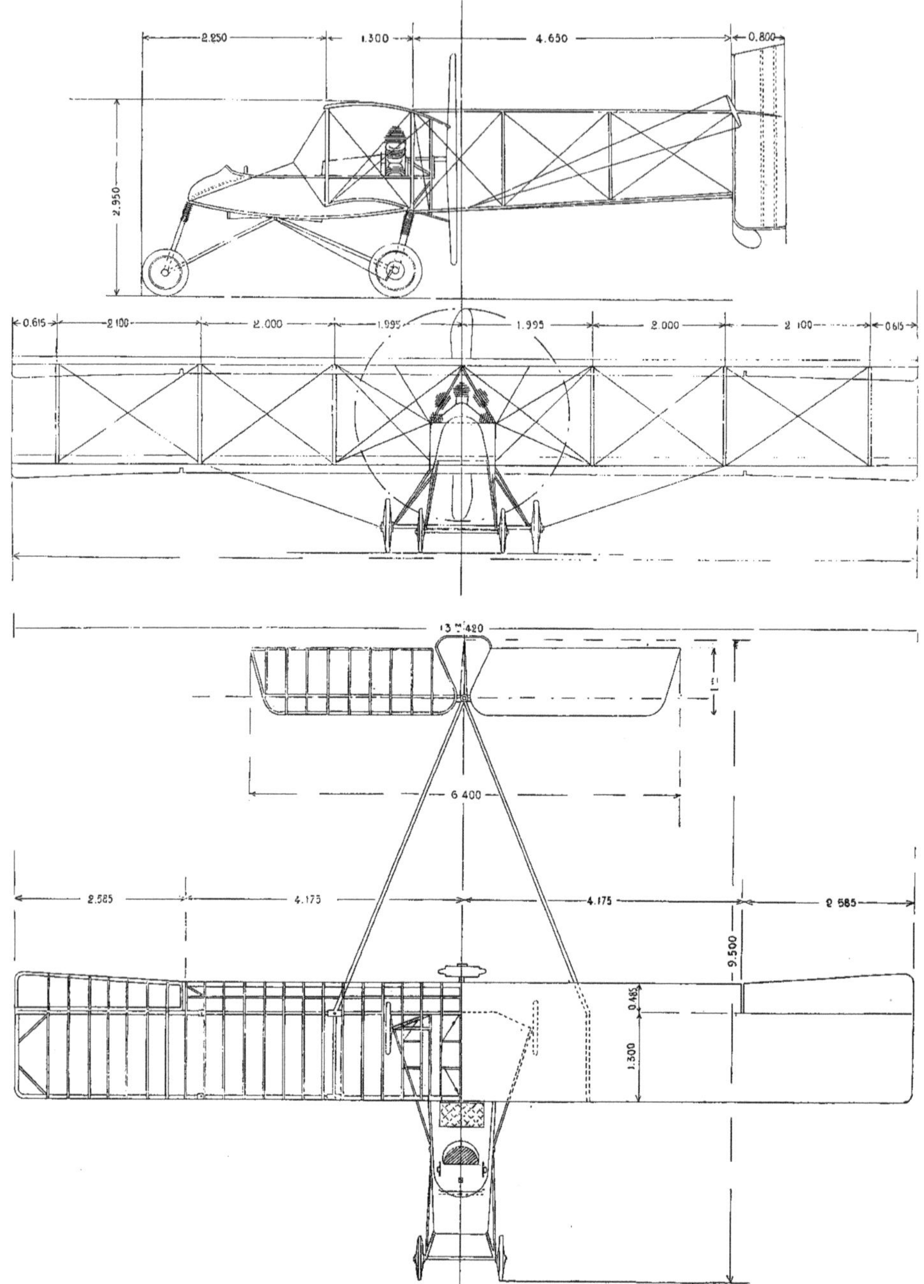

2.250
1.300
4.650
0.800
2.950
0.615
2.100
2.000
1.995
1.995
2.000
2.100
0.615
13 m 420
6.400
2.585
4.175
4.175
2 585
9.500
0.485
1.300

Quant aux longerons, ils sont en tubes ronds en acier au nickel. Seules les nervures des ailes sont en bois ; mais d'une confection spéciale qui les met à l'abri de toute déformation et de toute rupture.

Dans ses triplaces, Voisin emploie des montants en tube d'acier circulaire renforcé extérieurement par un habillage de bois qui leur donne une forme fuselée de moindre résistance. Cet habillage de bois est ligaturé extérieurement.

Fuselage. — Le fuselage qui s'avance en porte-à-faux hors de la cellule contient le poste où sont confortablement installés le pilote et le passager.

Un capot de formes bien étudiées les protège d'une manière très efficace contre le vent de la marche. Enfin, les voyageurs peuvent accéder à leur place sans difficultés, aucun fil ne venant mettre d'entrave à leur passage.

Montage du moteur.

Queue du monoplan de guerre.

Groupe propulseur. — A l'extrémité arrière du fuselage est disposé le moteur, qui attaque l'hélice par l'intermédiaire d'un démultiplicateur avec pignon et chaîne.

Les réservoirs d'essence et d'huile prévus pour six heures de marche sont contenus à l'intérieur du fuselage et recouverts par un capot arrondi qui protège en même temps le carburateur et la magnéto.

L'essence étant en charge sur le carburateur, ni pompe ni réservoir auxiliaire ne sont nécessaires.

Gouvernails. — L'arrière de l'appareil comporte un gouvernail de direction et un empen-

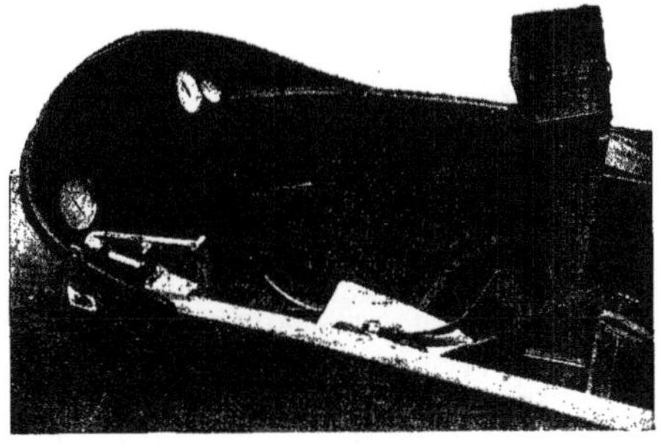

Aménagement de la nacelle.

nage de stabilisation longitudinale entièrement mobile. Toute surface fixe horizontale a été supprimée, le centrage de l'appareil ayant permis de limiter au simple rôle de gouvernail de pro-

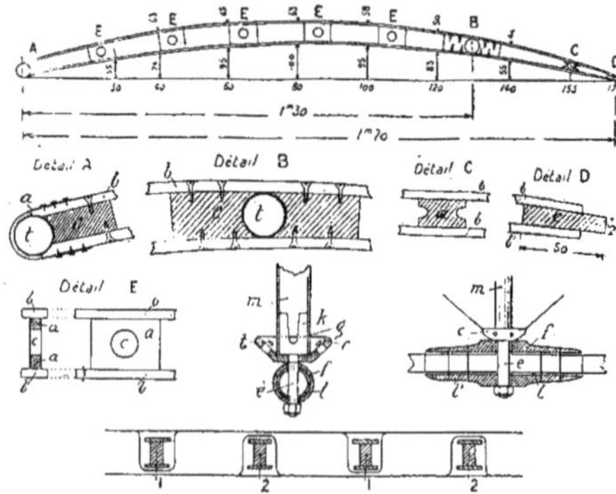

DÉTAIL A. — *t* tube d'acier cylindrique de 35×32 mm. au milieu de de la cellule et 35×33 aux extrémités. *a* feuille de tôle clouée sur les nervures et retenant le longeron *t*, *b* latte de frêne de 15×5, *c* taquet de 15 m/m d'épaisseur vissé avec la latte *b*.
DÉTAIL B. — *t* tube d'acier de 302×7 au milieu de la cellule et 30×28 aux extrémités, *b* lattes de 15×5 mm, *c* taquet de 15 m/m d'épaisseur.
DÉTAIL C. — *a* longeron secondaire. *b* lattes de 15×5.
DÉTAIL E. — *a* taquet de 8 m/m d'épaisseur, *b* lattes de 15×5, *c* trou d'allègement.
ASSEMBLAGE DES MONTANTS AUX LONGERONS. — *l l'* tube longeron, *f* fourrure goupillée sur *l*, *m* montant tubulaire, *k* boulon d'assemblage soudé et goupillé sur *m*, *c* cuvette percée de trous *t* pour la fixation des tirants d'acier.
En bas : SCHÉMA DE L'ENTOILAGE VOISIN.

fondeur la surface, autrefois sustentatrice de l'arrière. De ce fait, non seulement l'appareil est allégé et la résistance à la pénétration diminuée, mais la mobilité de l'appareil et la faculté de monter vite sont accrues dans des proportions notables.

Châssis d'atterrissage. — Le châssis d'atterrissage comporte quatre roues : deux roues centrales en tôle d'aluminium emboutie munies de freins puissants et deux roues extra-légères à l'avant, qui sont d'un secours très efficace en mettant l'appareil dans l'impossibilité de capoter.

A terre, l'appareil repose sur ses quatre roues et se dirige très docilement, grâce aux freins qui peuvent agir séparément sur chaque roue aussi bien que sur les deux à la fois, et permettent ainsi, non seulement d'arrêter l'appareil avant un obstacle, mais de le faire virer dans un petit espace.

Commandes. — La conduite de l'avion s'opère par un volant qui commande le gouvernail de profondeur par traction et poussée, la direction par rotation autour de son axe et l'équilibre transversal par oscillations latérales. Sous le pied droit du pilote une petite pédale permet à volonté de couper l'allumage du moteur. Les ailerons de stabilisation sont au nombre de quatre et sont compensés. Leur commande s'effectue par câbles et poulies en bronze montées sur billes.

TRIPLACE MILITAIRE

A enregistrer les essais récents d'un triplace blindé pourvu d'un châssis très robuste à six roues. La poutre de réunion y est remplacée par deux longrines haubannées, à l'extrémité desquelles sont articulés les gouvernails de direction au nombre de deux et le gouvernail monoplan de profondeur.

Nous allons résumer, pour terminer, les caractéristiques générales du biplace de série :

Surface portante	42 mq.
Poids à vide	600 kg.
Envergure.	13m500
Longueur.	9m500
Puissance.	80 HP
Charge utile	280 kg.
Vitesse	95 km.-h.

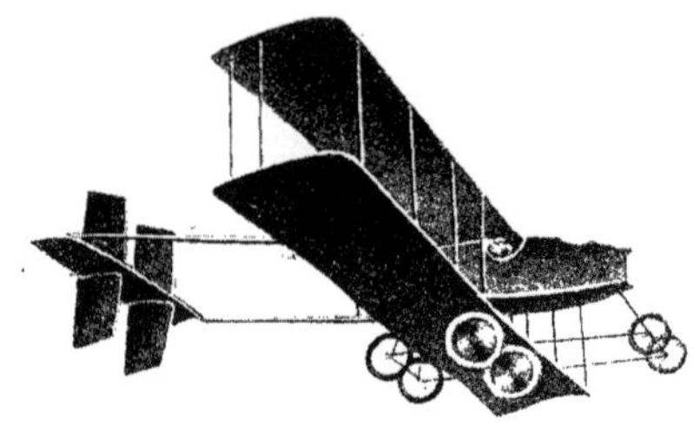

DEUXIÈME PARTIE

LES APPAREILS ÉTRANGERS

ALBATROS
AVIATIC
AVRO
BRISTOL
CURTISS
D. F. W.
DUNNE
ETRICH
MARTINSYDE
RUMPLER
SIKORSKY
SOPWITH
THOMAS
WRIGHT

AÉROPLANES ALBATROS

LE BIPLAN

Le biplan "Albatros", d'un type tout récent, semble devoir donner d'excellents résultats : C'est avec un avion de cette marque, que Hirth, ayant à bord un passager, faillit se classer premier dans le rallye aérien de Monaco, ayant couvert la distance Gotha — Francfort — Dijon — Marseille, soit plus de 1,000 kilomètres, en 11 heures 39 minutes.

Cet appareil, quoique peu léger, possède de grandes qualités : son excellente pénétration dans l'air lui assure une vitesse qui le classe parmi les plus rapides des avions allemands.

Cellule. — La cellule se compose de deux plans d'inégale grandeur, le plan supérieur étant le plus grand. Le plan inférieur est placé très au-dessous du fuselage, et porte une large échancrure assurant au pilote une excellente visibilité.

Ailes. — Les ailes sont du type souple, avec ailerons gauchissables aux extrémités.

Fuselage. — Le fuselage est très effilé vers l'arrière, et solidement construit en bois contre-plaqué. Le maître couple est quadrangulaire. La section terminale est triangulaire.

A l'avant, un capot métallique recouvre entièrement le moteur, derrière lequel viennent les places du passager et du pilote : tous deux jouissent d'une grande visibilité.

L'avant est supporté par un robuste train d'atterrissage auquel peuvent s'adapter indifféremment des flotteurs ou des roues.

ALBATROS

2,700
1,400
6,500
850
750
1,200
1,000
9,100
10,800
14,400
2,450
750
1,700
3,500
1,100
1,800
9,100
800
1,700
1,950
Alex Dumas

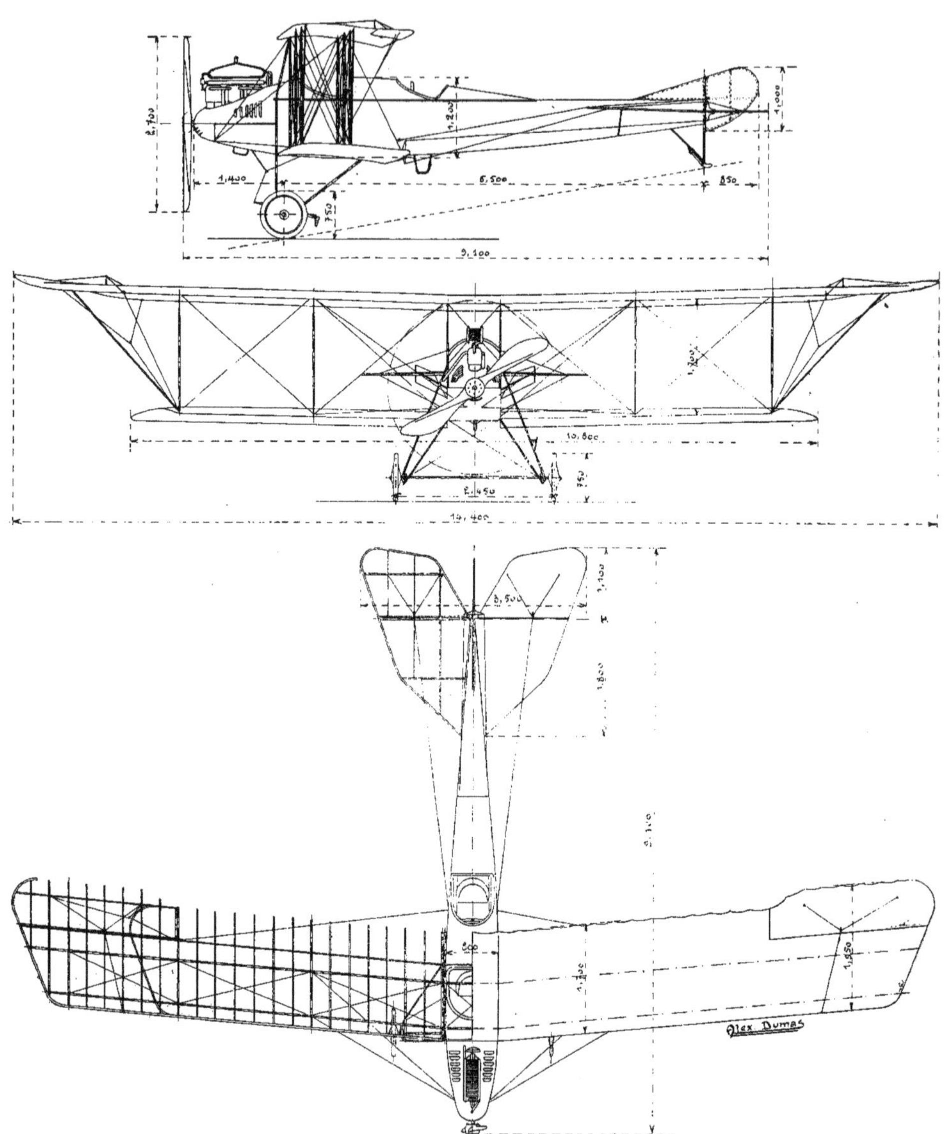

L'arrière qui porte les surfaces stabilisatrices est soutenu à terre par une béquille flexible.

Châssis d'atterrissage. — Le châssis d'at-

terrissage complet se compose de deux flotteurs et de deux roues permettant à l'appareil d'atterrir ou d'amérir selon les circonstances.

L'appareil est soutenu sur l'eau par deux

grands flotteurs, montés en catamaran et fixés au fuselage par quatre robustes jambes de force, solidement contreventés et joints entre eux par un système très solide de deux traverses rigides.

Deux roues permettent à l'appareil de prendre contact avec le sol. Elles peuvent être relevées lorsque l'appareil flotte, de manière à réduire au minimum la résistance nuisible à l'avancement en flottaison.

Stabilisateurs. — La stabilité longitudinale est assurée par un large empennage plan horizontal situé de part et d'autre du fuselage dans sa région postérieure et par deux ailerons solidaires à incidence variable, commandés par le pilote et constituant gouvernail de profondeur.

Entre ces deux gouvernails-stabilisateurs convenablement échancrés est disposé le plan vertical oscillant du gouvernail de direction, faisant suite à un plan quille fixé sur la région supéro-postérieure du fuselage.

La stabilité latérale est assurée par la manœuvre des ailerons souples disposés aux extrémités postérieures des ailes. Pour faciliter la direction de l'appareil à la surface de l'eau, une fausse quille a été aménagée en dessous de l'extrémité arrière du fuselage.

Commandes. — Elles sont du type courant et comprennent un palonnier actionnant le gouvernail de direction et un " manche à balai ", monté à cardan pour la commande combinée des ailerons de stabilisation latérale et du gouvernail de profondeur.

Groupe propulseur. — Il est constitué par un moteur fixe de 120 HP à refroidissement par circulation d'eau sur l'arbre duquel est montée directement une hélice tractive à deux pales.

LE MONOPLAN

La firme " Albatros ", l'une des premières qui fournit des avions à l'armée allemande doit surtout son renom à ses biplans. Toutefois elle vient de mettre au point de gracieux monoplans très robustes et très vites.

Ces monoplans sont de deux sortes : 1° Appareils du type "Taube" ; 2° Appareils de course.

Les caractéristiques communes aux deux appareils sont les suivantes :

Conservation pour la voilure de la forme d'ailes d'oiseau, grande stabilité, excellente répartition du poids, ailes en V, bord d'attaque en sifflet.

ALBATROS

Les fuselages sont composés d'une carcasse puissante sur laquelle les deux ailes viennent se fixer par un accrochage facile. Cette carcasse porte, à l'avant, le moteur et à l'arrière l'empennage stabilisateur très porteur.

Fuselage. — Il est entoilé sur presque toute sa longueur; seule la partie avant qui soutient le moteur est recouverte d'une tôle d'aluminium formant capot genre torpedo. La section de ce fuselage est trapézoïdale à l'avant, pour placer facilement moteur, pilote et passager; elle devient triangulaire à l'arrière et se termine par une arête verticale sur laquelle est articulé le gouvernail de direction.

La partie supérieure du fuselage (base du triangle de section) supporte l'empennage caudal horizontal et le gouvernail de profondeur qui lui est immédiatement juxtaposé.

Ailes. — Construites d'après les principes d'Etrich, elles se rapprochent de la conception théorique des ailes d'oiseau.

Les surfaces sont souples à double courbure avec nervures de bambou formant ailerons et permettant le gauchissement des extrémités postérieures.

Ces ailes sont soutenues par une légère poutre armée transversale qui assure à l'ensemble une solidité à toute épreuve.

Des fenêtres ou échancrures sont ménagées dans les surfaces alaires, au voisinage de leur attache au fuselage, de manière à assurer une visibilité optimum pour le pilote et le passager.

Haubannage. — Le haubannage des ailes est très soigneusement disposé. Les câbles d'attache supérieurs viennent se fixer à un pylône à deux branches et d'autre part à deux poinçons fixés aux extrémités de chaque aile. Les câbles d'attache inférieurs partant du bord d'attaque viennent s'accrocher directement sur la carcasse.

Train d'atterrissage. — Il est formé de deux paires de montants solidaires du fuselage et réunis à leur partie inférieure par une gaîne en acier de forme coudée à laquelle la barre d'accouplement des roues orientables vient se fixer par l'intermédiaire de bagues en caoutchouc. La rigidité de cet ensemble est assurée par surcroit au moyen de deux jambes de force et d'un ensemble de haubans en corde à piano.

Un frein est prévu pour les atterrissages sur terrains de dimensions réduites.

Stabilisateurs. — Le gouvernail de profondeur est constitué par le plan arrière très porteur comportant une armature flexible dont l'incidence peut varier à la commande du pilote.

Le gouvernail de direction se compose de deux ailerons situés de part et d'autres du plan arrière et tournant autour d'un axe vertical.

Monoplan Albatros type " Monocoque "

Commandes. — Le gouvernail de profondeur est commandé par un levier à main portant un volant agissant sur les ailerons de gauchissement des ailes. Le gouvernail de direction est actionné par un palonnier aux pieds.

CARACTÉRISTIQUES

BIPLAN

Envergure	10 m. 50
Longueur	15 m. »
Surface portante	23 mq.
Plan supérieur, (surface)	14 mq.
Plan inférieur, (surface)	9 mq.
Vitesse ascentionnelle	40 à 60 m. à la minute.
Vitesse horaire maximum	110 kil. à l'heure.

MONOPLAN " TAUBE "

Surface portante	35 mq.
Envergure	13 m. 50
Longueur de l'appareil	10 m. 30
Poids à vide	580 kg.
Réservoir d'essence	164 litres
Réservoir d'huile	20 litres
Moteur : Mercédès	100 HP 6 cyl.
Vitesse moyenne horaire	115 km.

MONOPLAN DE COURSE

Envergure	12 m. 60
Profondeur des ailes	2 m. 25
Surface portante	24 mq.
Longueur totale	8 m.
Poids à vide	550 kg.
Moteur Mercédès	100 HP.
Vitesse horaire maximum	120 km.

AÉROPLANES AVIATIC

LE BIPLAN " PFEIL " *(flèche)*

Le biplan " Aviatic " est un appareil de construction simple et robuste, capable d'enlever une lourde charge utile (il peut en effet voler avec une charge spécifique de 30 kilogrammes au mètre carré de surface portante) tout en fournissant une vitesse moyenne de 100 kilomètres à l'heure.

Il est caractérisé par la disposition spéciale de ses ailes qui affectent la forme d'un V très ouvert dans le plan horizontal.

Ce biplan a déjà fourni d'excellents résultats, et les performances qu'il réalisa lui ont acquis une renommée mondiale. C'est en effet avec un appareil de ce type que Karl Ingold en février 1914 tenait l'air pendant 16 heures 20 sans escale après avoir parcouru 1,700 kilomètres battant de 300 kilomètres le record établi précédemment par son compatriote Langer sur un biplan Roland.

Surface portante. — La surface portante est constituée par deux surfaces d'inégale envergure, l'aile supérieure étant plus grande que l'aile inférieure.

Les deux surfaces sont réunies entre elles de manière à former une poutre armée parfaitement rigide. Cette liaison est réalisée au moyen de 12 montants, dont 4 inclinés, entretoisant les longerons avant et arrière des ailes formant arê-

AVIATIC

900
1,000
350
2,000
1,100
8,000
1,971
1,850
10,800
1,850
700
14,000
750
3,000
1,550
8,000
600
1,850
Alex. Dumas

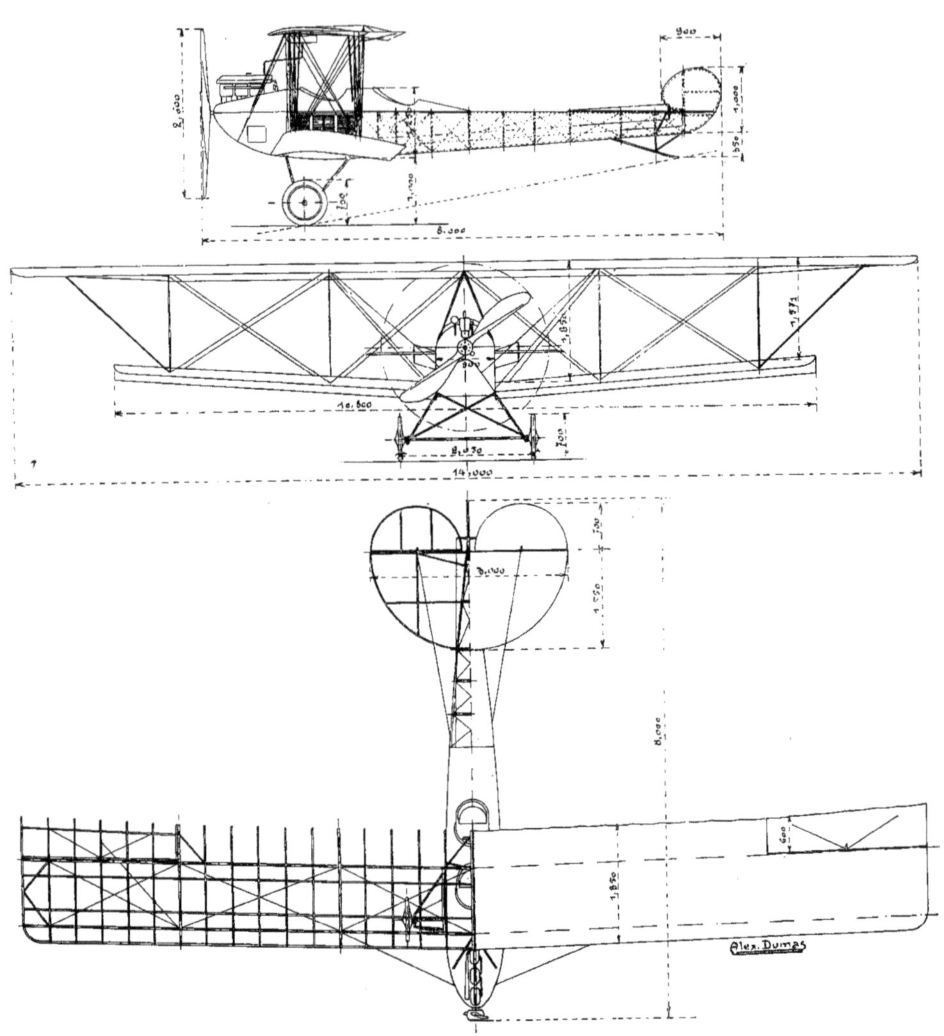

tes longitudinales de la poutre. Ces montants sont contreventés par un système funiculaire de câbles d'acier.

Pilote et passager à bord d'un " Aviatic ".

Cette construction très simple assure à la cellule une grande rigidité, en même temps qu'elle réduit au minimum la résistance nuisible à l'avancement des indispensables organes de liaison.

Ailes. — Les ailes, comme dans la plupart des appareils allemands, sont des ailes souples à double courbure. Le bord de sortie est très élastique à partir du longeron arrière et, en plus, pour les manœuvres impératives de stabilisation, dans le sens latéral, il est ménagé aux extrémités des surfaces alaires supérieures, dans leur région postérieure, des ailerons souples à incidence commandée par un système funiculaire aboutissant, à portée du pilote, aux organes de gouverne.

Cet ensemble très souple se prête bien aux diverses variations d'efforts en vol, et assure par le fait à l'appareil une stabilité quasi-automatique très satisfaisante et de nature à réduire de beaucoup la fatigue du pilote.

A un autre point de vue, le montage de la cellule avec un petit nombre de montants et le sectionnement des surfaces portantes dans leur région médiane présentent un très sérieux avantage : celui de faciliter le démontage de l'appareil et d'accroître la rapidité de cette manœuvre.

Fuselage. — Le fuselage, très soigné dans sa construction, a été étudié de très près quant à ses formes, de manière à former un " bon projectile ". De section quadrangulaire à l'avant et triangulaire à l'arrière il a une forme très fuselée permettant un facile écoulement de l'air le long de ses parois.

Le moteur est fixé à l'extrémité avant et dépasse, supérieurement, la ligne générale du fuselage. La plus grande section transversale du " corps " est réservée aux sièges du pilote et du passager.

Ce fuselage court, trapu, très robuste est muni d'un capot métallique dans sa région antérieure. Tout le reste du corps est en bois contreplaqué et repose sur le sol par une simple béquille en forme d'arc.

L'empennage horizontal de stabilisation est fixé sur le plan supérieur de la partie arrière du fuselage (base du triangle de section à sommet inférieur) et le gouvernail de direction est articulé sur son arête arrière.

Un " Aviatic " de profil.

Train d'atterrissage. — De même que dans les autres parties de l'appareil, on retrouve dans le train d'atterrissage la trace des préoccupations de faire simple et robuste qui sont la caractéristique de l'appareil.

Le train se compose de deux montants, encastrés de chaque côté du fuselage, portant l'axe des roues par l'intermédiaire d'attaches simplement constituées par des bagues de caoutchouc.

D'ailleurs le souci de simplicité n'a pas exclu celui de sécurité et un frein a été adjoint aux organes de contact au sol. Ce frein, genre bêche, est situé entre les montants, dans l'axe du fuselage et permet de réduire la course de l'appareil après l'atterrissage.

Stabilisateurs. — La stabilité longitudinale de l'appareil en vol est assurée par un empennage caudal horizontal triangulaire. Il se termine vers l'arrière, de part et d'autre de l'extrémité postérieure du fuselage, par des parties flexibles à incidence impérativement variable à la volonté du pilote, et qui constituent le gouvernail de profondeur.

Le gouvernail de direction, volet vertical articulé autour d'un axe vertical fixé à l'arête postérieure extrême du fuselage, est mobile dans l'intervalle menagé entre les deux gouvernails de profondeur.

La stabilité transversale est assurée par la manœuvre des deux ailerons flexibles ménagés dans les régions postérieures des extrémités de la surface alaire supérieure.

Commandes. — Comme dans la plupart des avions, c'est un palonnier « aux pieds » qui met en mouvement le gouvernail vertical de direction.

Pour les commandes combinées du gouvernail de profondeur et des ailerons de gauchissement stabilisateur latéral, les constructeur de l'Aviatic emploient suivant les circonstances, soit le « manche à balai » articulé à cardan, soit un levier oscillant d'avant en arrière pour la commande en profondeur et portant à son extrémité supérieure un volant relié funiculairement aux ailerons stabilisateurs latéraux.

Groupe moto-propulseur. — Le groupe moto-propulseur se compose, en général, d'un moteur fixe 100 H-P, 6 cylindres à refroidissement par circulation d'eau et d'une hélice montée en prise directe.

Cependant, sur certains types légers, on monte quelquefois des moteurs rotatifs « Gnôme » de 80 HP.

Dans le cas de moteur fixe à circulation d'eau de refroidissement, les radiateurs sont constitués d'ensembles de tubes parallèles disposés de part et d'autre du fuselage dans sa région antérieure.

Les appareils « type de série » peuvent emporter 700 litres d'essence et 70 litres d'huile.

CARACTÉRISTIQUES

Envergure	14 m.
Longueur totale.	8 m.
Surface portante	45 mq.
Poids à vide	670 kg.
Vitesse moyenne horaire	100 kg.

Vitesse ascensionnelle : 1200 mètres en 15 min.

AÉROPLANES AVRO

M. A. V. Roe est indubitablement l'un des plus anciens constructeurs d'aéroplanes. Il débuta, évidemment, par le planeur, et dut être aviateur aux premiers jours, comme les Wright et les Voisin.

C'est en 1905 que M. Roe entreprit ses essais de vol plané ; à cette époque, il expérimentait des modèles de planeurs qui lui valurent, en 1907, le prix de 75 £ du " Daily-Mail ".

C'est alors qu'il construisit son premier aéroplane, qu'il munit d'un 24 HP Antoinette, et qu'il partit expérimenter à l'autodrome de Brooklands.

AVRO

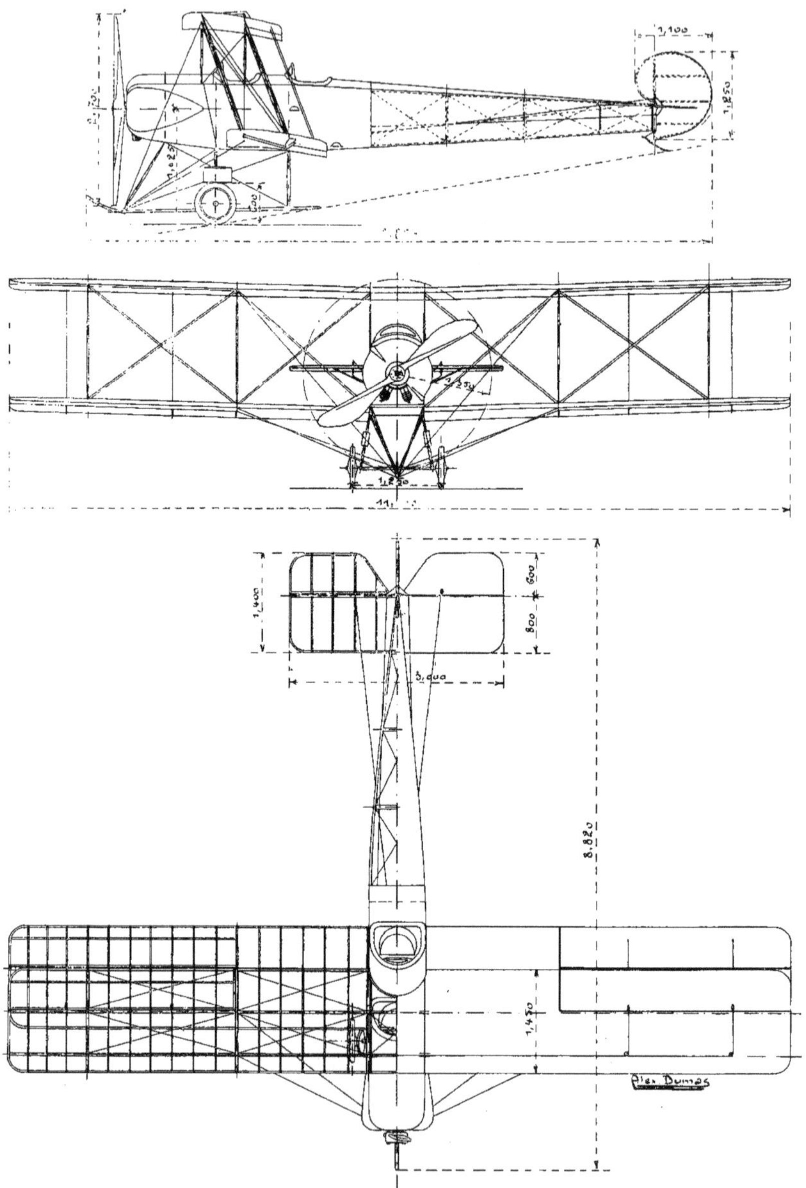

Mais, bientôt obligé de quitter ce terrain, il construisit un nouvel appareil, un triplan tandem de 8 mètres d'envergure, qu'il fit voler à Leyton avec un moteur de 9 HP pesant 45 kgs.

Depuis ces heures héroïques, les appareils A. V. Roe, baptisés pittoresquement « Avro-

Le biplace tracteur.

planes » par leur constructeur, évoluèrent régulièrement : de triplans, ils devinrent biplans; le fuselage primitif s'affina; puis l'entoilage du corps apparut, la queue devint monoplane; et les appareils actuels sont parmi les meilleurs.

Nous dirons quelques mots des types actuels, caractérisés par des dispositions réellement intéressantes.

BIPLACE TRACTEUR

Le nouveau « tracteur » Avro est caractérisé surtout par sa grande vitesse. En effet, il réalise la vitesse de 129 km-h. ce qui est un résultat splendide pour un biplace.

Voilure. — Deux plans égaux, présentant un léger dièdre transversal et décalés en profondeur « à la Goupy », sont réunis par six séries de montants. Les plans sont rigides et sont pourvus d'ailerons pour la stabilité transversale.

Châssis. — Un patin central est prévu, duquel partent latéralement deux fils formant un V tourné la pointe en avant. Ces fils écartent les hautes herbes à l'atterrissage et évitent le capotage dans les blés et les avoines.

Cette disposition est extrêmement intéressante et parfaitement efficace. Atterrissage sur deux roues, essieu unique.

Fuselage. — Très étroit, le fuselage n'offre que 0 m. 800 d'ouverture; fort bien aménagé et caréné, il protège les passagers contre le vent.

Le moteur est monté, à l'avant, entre deux flasques. Le carburateur, pourvu d'un dispositif de sûreté, est muni d'un tube de vidange qui mène l'excès éventuel d'essence à l'extérieur, afin d'éviter les dangers d'incendie.

Les caractéristiques principales de cet appareil sont les suivantes :

Poids en ordre complet de marche (3 heures d'essence, 1 passager) : 700 kgs.

Surface portante (ailes) : 32 mq.

Poids enlevé : 22 kgs au mq.

Surface de la queue : 4,3 mq.

Charge : 7 kgs par mq.

MONOPLACE ÉCLAIREUR

Cet appareil est, en somme, une réduction du précédent.

Les plans sont réunis par un seul montant de

L'hydro.

chaque côté. Ce montant est une sorte de petit poteau à treillis dont la largeur (dans le sens de la marche) est d'environ 450 m/m.

Ce montant est entouré d'une chemise de toile bien profilée. Chaque montant est assemblé entre les longerons des surfaces sur un solide tube d'acier, fixé très fortement par ses extrémités aux longerons eux-mêmes, par un joint rapidement démontable. Les fils de haubannage sont doublés, mais accolés dans le plan médian de la cellule. Ce dispositif réduit les résistances nuisibles en assure une plus grande sécurité de construction en ce sens qu'il supprime toute incertitude quant à la répartition des efforts.

Une autre disposition intéressante est la suivante : de chaque côté du fuselage sont montés des ailerons spéciaux pouvant prendre une incidence variable de 0 à 90°, et destinés à freiner dans les atterrissages courts.

La vitesse de cet appareil étant d'environ 160 km. à l'heure, un tel dispositif est évidemment d'un grand intérêt.

BIPLACE MILITAIRE A HÉLICE ARRIÈRE

Construit selon la ligne des appareils H. Farman, ce biplan conserve bien, néanmoins, la facture des ateliers A. V. Roe : surfaces égales, ailerons conjugués aux deux plans, châssis à patin central, équilibreurs arrière jumelés, etc.

Nacelle. — La nacelle est montée au milieu du plan inférieur. Le siège de l'observateur est tout à fait à l'avant, et le pilote derrière lui, entre deux réservoirs de pétrole et d'huile, emportant des provisions pour 4 h. 1/2 de marche.

Le moteur, à l'arrière est entre deux flasques, et supporté par une charpente spéciale en tubes d'acier cintrés.

La nacelle est entièrement recouverte d'aluminium, avec deux prises d'air pour le refroidissement du moteur.

La construction est entièrement métallique. Le châssis est, nous l'avons signalé, à essieu unique et patin central.

Une béquille articulée supporte la queue.

CARACTÉRISTIQUES COMPARÉES DES DIVERS TYPES

	Éclaireur	Biplace (hydro)	Biplace à hélice AR
Surface portante .	22 mq.	31 mq.	45 mq.
Poids à vide . . .	306 kg.	480 kg.	453 kg.
Envergure	7m920	11m000	13m400
Longueur totale .	5m480	8m830	8m450
Puissance	80 HP.	80 HP.	80 HP.
Charge utile . . .	220 kg.	295 kg.	363 kg.
Vitesse min. . . .	57 km	48 km.	57 km.

AÉROPLANES BRISTOL

S'ils diffèrent par leurs dimensions, voire même par leur principe, les divers biplans établis dans les usines de la "British et Colonial Aéroplane Company limited" ont entre eux un air de famille qui les rend facilement reconnaissables.

Construits à Bristol sous la direction de M. Henri Coanda, ces appareils sont classés parmi les meilleurs dans le monde entier — et leurs qualités de vol sont telles que leur réputation n'est pas surfaite.

Les établissements "Bristol" fournissent actuellement deux types principaux de biplans, l'un biplace et l'autre monoplace, dont nous donnerons un aperçu. Ces appareils sont transformables en hydravions.

BIPLACE MILITAIRE

Fuselage. — L'armature du fuselage est une poutre à treillis de section rectangulaire, dans laquelle les membrures sont en frêne pour la partie avant et en spruce à l'arrière. Les longerons sont réunis par des montants et l'ensemble est croisillonné en corde à piano.

Le moteur, un Gnôme de 80 HP, est monté à l'avant sur des flasques en tôle d'acier emboutie. Le carburateur et la magnéto sont isolés pour éviter les dangers d'incendie.

BRISTOL

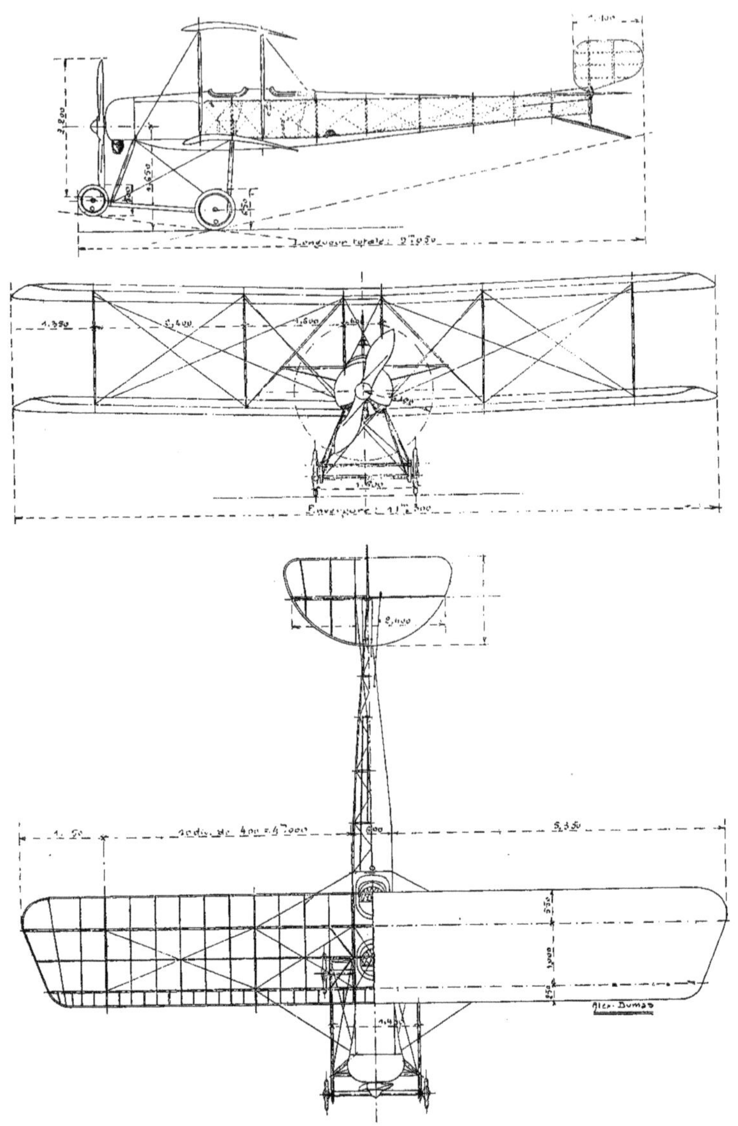

Un capot en aluminium, bien dessiné, entoure le moteur et recouvre toute la partie antérieure du fuselage, jusqu'au siège du pilote. Il évite les projections d'huile, et sa forme est telle que les aviateurs sont à l'abri du vent.

L'arrière du fuselage est recouvert d'une toile lacée, à seule fin de diminuer la résistance à l'avancement.

Voilure. — La cellule est montée sur le fuselage avec le plus grand soin. Elle comporte deux surfaces sensiblement égales, gauchissables, et réunies entre elles par deux séries de montants.

Ces montants, profilés judicieusement, sont au nombre de douze, les quatre du centre étant partiellement dissimulés dans le fuselage.

Le gauchissement des ailes s'effectue suivant la manière Wright.

Châssis d'atterrissage. — Le châssis d'atterrissage est une caractéristique de la machine. Deux patins en bois de section rectangulaire portent quatre roues montées par paire sur deux essieux en tandem, munis d'amortisseurs en caoutchouc.

Les petites roues à l'avant protègent efficacement l'hélice dans un mauvais terrain, les roues arrière constituent le train de roulement principal.

Les attaches des montants profilés qui réunissent le fuselage aux patins sont articulées.

Une béquille élastique supporte l'arrière du fuselage et freine à l'atterrissage.

Queue. — La queue se compose d'un empennage horizontal, non porteur, qui est fixé sur le fuselage lui-même, et se présente en vol sous un angle négatif.

L'équilibreur est articulé à l'arrière de cette surface ; il est commandé par deux palonniers en acier.

Le gouvernail de direction, placé au-dessus, à l'arrière du fuselage, est commandé aux pieds.

Tous les fils de contrôle sont doublés.

HYDRAVION BIPLACE

L'hydravion est obtenu par la substitution de flotteurs aux roues dans l'appareil précédent.

Le gouvernail de direction comporte une partie mobile et un empennage fixe.

Les flotteurs sont du type courant, au nombre de deux, en catamaran, chacun d'eux étant divisé en deux compartiments étanches.

Ils sont reliés au fuselage par le moyen de quatre gros montants profilés triangulés en tous sens pour assurer une parfaite rigidité.

Un flotteur auxiliaire, suspendu élastiquement, supporte la queue, et est orientable avec le gouvernail de direction.

MONOPLACE RAPIDE

La ligne de cet appareil rappelle celle du « Goupy », mais la construction est traitée avec un soin tout spécial

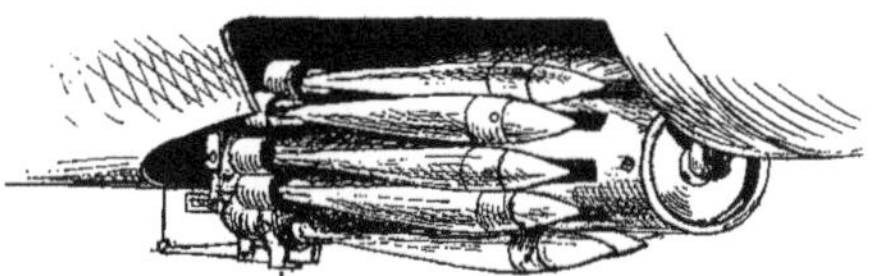

Voilure. — Deux surfaces décalées égales, d'un profil spécial très rapide, sont reliées d'une manière rigide, par huit montants profilés dont les quatre centraux partiellement dissimulés dans le fuselage.

Haubannage extérieur : câble d'acier; intérieur : corde à piano.

Les deux plans sont munis d'ailerons conjugués.

Fuselage. — Analogue au fuselage du biplace, quant à sa forme et quant à sa construction, il est néanmoins beaucoup plus court. Le moteur, presque entièrement enfermé, est fixé à l'avant sur deux flasques d'acier. Le capot, en aluminium, se prolonge jusque derrière le siège du pilote.

Ce siège, forme baquet, en aluminium, est suspendu par le moyen de cordes à piano; sa position est réglable.

Châssis d'atterrissage. — Un châssis spécial, comportant deux roues de 650×65, a été étudié pour cet appareil, et présente une résistance à l'avancement extrêmement faible.

L'essieu qui porte les deux roues est monté élastiquement au sommet de deux pylônes latéraux en V. C'est à peu de chose près la solution généralement adoptée en France.

Un petit patin très robuste supporte l'extrémité AR du fuselage.

Queue. — Un plan d'empennage non porteur est prolongé par deux volets latéraux formant équilibreurs, entre lesquels oscille le gouvernail de direction compensé en partie.

Commandes instinctives, fils doublés. Gouvernail aux pieds.

RÉSUMÉ DES CARACTÉRISTIQUES DES DIVERS TYPES

	Biplace.	Hydro.	Monoplace.
Surface portante..	39 mq.	38 mq.	15 mq.
Poids à vide. . .	440 kg.	590 kg.	280 kg.
Envergure	11^m500	11^m	6^m700
Longueur	8^m90	9^m550	6^m300
Puissance	80 HP.	80 HP.	80 HP.
Charge utile . . .	315 kg.	295 kg.	155 kg.
Vitesse max.. . .	120 km.-h.	100 km.-h.	153 km.-h.
Vitesse minin . .	56 km.-h.	64 km.-h.	76 km.-h

AÉROPLANES CURTISS

L'usine Curtiss, l'une des plus importantes d'Amérique, sinon du monde entier, construit couramment différents types d'aéroplanes et d'hydro-aéroplanes.

Nous décrirons les plus intéressants et les plus récents; d'ailleurs, les procédés de construction ne diffèrent pas beaucoup d'un type à l'autre. Si les dimensions et les dispositions peuvent varier, la facture reste immuable et parfaitement caractéristique.

CARACTÈRES COMMUNS A TOUS LES APPAREILS CURTISS

Tous les appareils construits dans les établissements Curtiss, qu'ils soient terrestres ou marins, à hélice tractive ou propulsive, possèdent des caractères communs que nous allons examiner.

Centrage. — Ces appareils comportent essentiellement une série de surfaces portantes parallèles superposées. Les surfaces arrière sont purement stabilisatrices et ne jouent aucun rôle de sustentation.

Le centre de gravité, légèrement au-dessous du centre de pression est, en avant de celui-ci, de sorte que la stabilité de la machine est fort satisfaisante.

Les empennages disposés à l'arrière ne sont aucunement porteurs. Uniquement destinés à assurer une bonne stabilité de route, ils sont

CURTISS

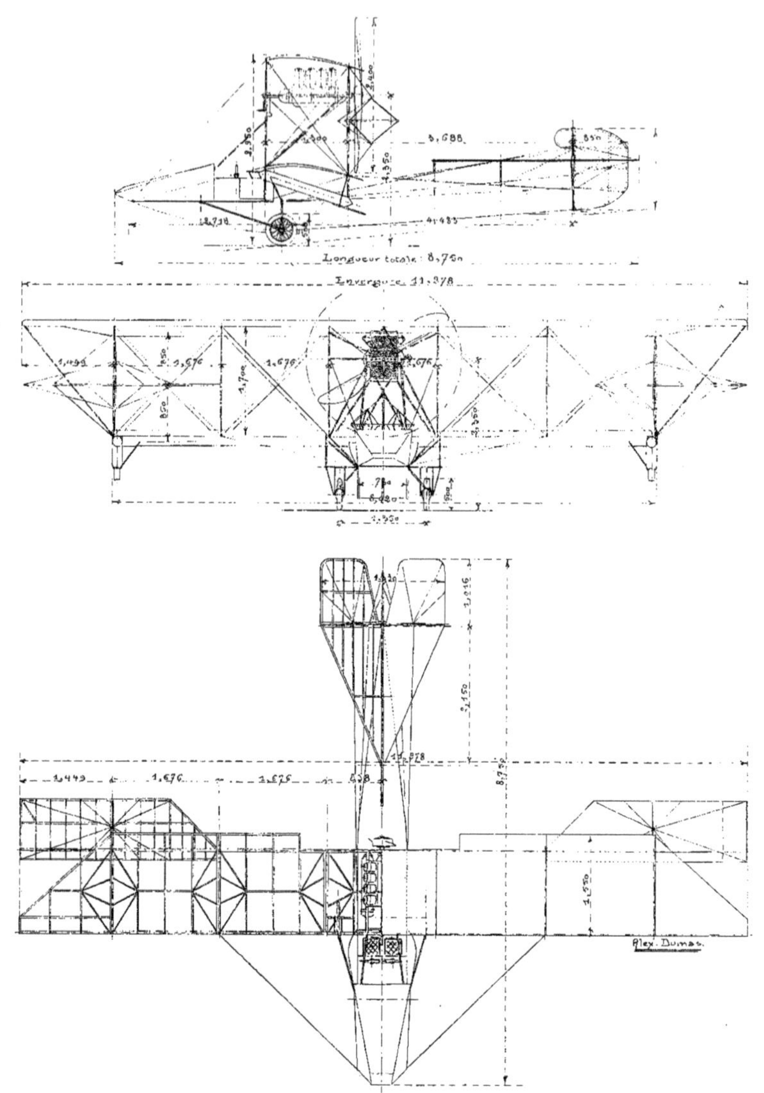

prolongés par des gouvernails très puissants.

Stabilisation transversale. — Le procédé de stabilisation transversale des aéroplanes Curtiss est absolument caractéristique. Deux ailerons disposés latéralement aux extrémités des surfaces et entre celles-ci, sont articulés autour d'un axe transversal passant par leurs centres de pression. Ces ailerons, compensés et conjugués, sont actionnés par les mouvements de torse de l'aviateur, comme autrefois dans les aéroplanes Santos-Dumont.

Commandes. — Un volant à portée du pilote commande, par ses déplacements angulaires antéro-postérieurs, l'action du gouvernail de profondeur, et agit sur le gouvernail de direction à la manière d'un volant d'automobile.

Voilure. — Trois types de voilures sont employés sur les appareils construits par les établissements Curtiss.

Le type D peut être équipé, soit avec des roues, soit avec un flotteur; l'hélice doit être disposée en arrière: les ailes sont partagées en panneaux transversaux.

Le type E peut-être employé avec des roues, un flotteur ou un fuselage-coque, pour les appareils de sport, de tourisme à deux places ou les aéroplanes et hydro-aéroplanes militaires, les ailes sont partagées en panneaux.

Le type F est employé uniquement sur les appareils militaires à hélice tractive et les poids lourds.

Les ailes sont d'une seule pièce, mais rapidement démontables.

QUELQUES « FLYING-BOATS »

Les « flyings-boats » (canots volants), construits aux usines Curtiss sont certainement, parmi les meilleurs hydro-aéroplanes actuels, ceux

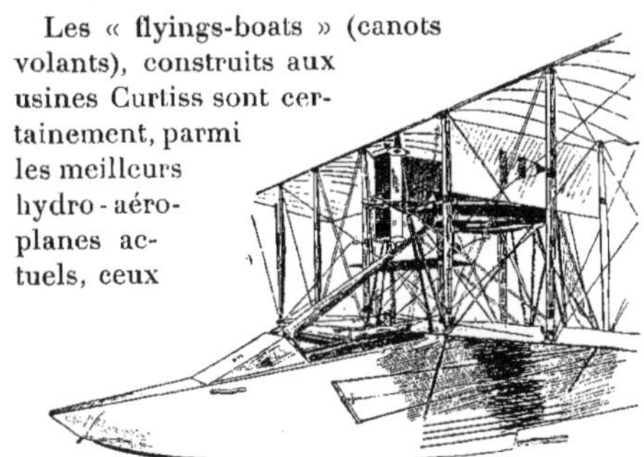

qui se présentent avec la ligne la plus homogène.

Nous rassemblerons plus loin en un tableau les caractéristiques essentielles des divers appareils construits par la firme Curtiss en 1913-1914.

Qu'il nous suffise ici de donner un aperçu des différences essentielles qui les distinguent.

Type 1913 commercial. — Cet hydravion, à hélice propulsive, comporte une coque en spruce partiellement métallisée, servant de fuselage et portant à l'arrière les organes de stabilisation et de direction.

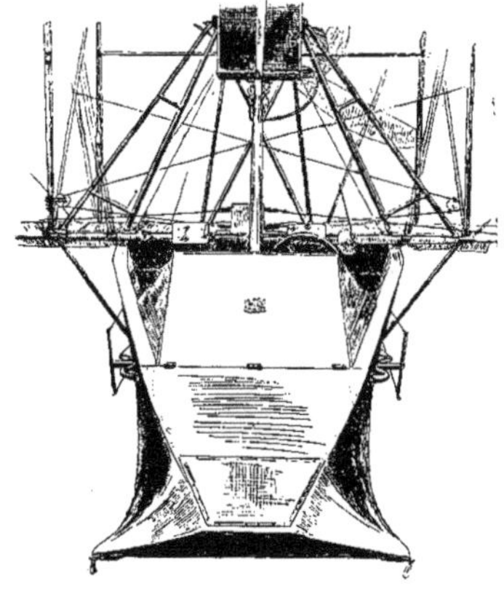

Les deux sièges, côte à côte, sont agencés au moyen de la double commande Curtiss à pilier unique.

Les plans porteurs du type E, sont distants de 1 m. 700; l'envergure supérieure atteint 11 m. 278, tandis que l'envergure inférieure n'est que de 8 m. 420.

Le moteur Curtiss de 80 HP., monté entre les plans porteurs et pourvu d'une mise en marche, actionne l'hélice arrière en prise directe.

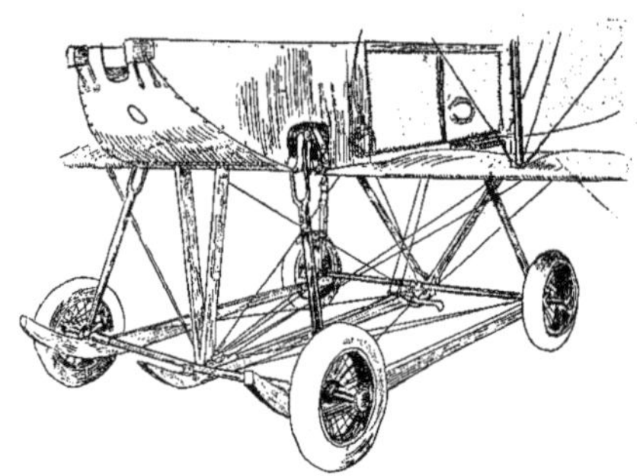

TYPE TRACTEUR

Le premier « flying-boat » à hélice tractive fut établi pour le compte de M. A. P. Mc Cormick, et cette machine fut remarquable surtout par son confort.

La coque mesure environ 8 mètres de longueur. Construite en frêne et renforcée aux angles par des cornières de cuivre, elle est divisée en huit compartiments étanches tels que deux quelconques d'entre eux suffisent à assurer la flottaison de la machine entière. La coque comporte un redan ménagé sensiblement sous le centre de gravité de l'appareil, et pèse 180 kgs.

Le cockpit a 1 m. 07 de largeur et peut contenir quatre voyageurs, largement. Les deux aviateurs assis en avant ont une double commande à leur disposition.

BIPLAN « TRACTEUR » MILITAIRE

Le biplan Curtiss à hélice tractive, muni d'ailes du type F, est établi sur les principes généraux précédemment exposés.

Le fuselage, solidaire de la cellule et d'un patin inférieur destiné à freiner lors de l'atterrissage, est suspendu au châssis à quatre roues par le moyen de puissants amortisseurs.

Les sièges sont côte à côte; le fuselage est entièrement entoilé pour diminuer les résistances nuisibles.

CARACTÉRISTIQUES COMPARÉES DES DIVERS TYPES

	Flying Boat type commercial	Flying Boat hélice tractive	Tracteur milit.
Surface portante (mq). .	30	39	39
Poids à vide	540	650	480
Envergure.	11.278	12.700	12.500
Longueur	8.750	8.330	7.650
Puissance (H.P.).	80	100	100
Charge utile.	225	400	400
Vitesse..	95	90	105

AÉROPLANES D. F. W.

Parmi les plus importantes firmes allemandes d'aviation, est celle connue généralement sous le nom de « D. F. W. », initiales de la Deutsche Flugzeug Werke (German Diercraft Works), l'une des plus anciennes chez nos voisins de l'est.

Quoique dérivés des appareils dont nous avons présenté le premier biplan dans « les Aéroplanes de 1912 » sous le titre d'aéroplane Büchner, les biplans actuels D. F. W sont totalement différents de leurs aînés. Nous décrirons le biplan militaire.

Voilure. — Selon le procédé habituellement adopté en Allemagne, les plans présentent un V latéral moins accentué que dans le Dunne, ce qui leur a valu leur nom populaire de « flèches ». Aux extrémités des ailes, les ailerons, flexibles, agissent uniquement par dessus.

Le plan supérieur est droit, tandis que le plan inférieur présente un dièdre transversal assez accentué.

Les surfaces sont décalées d'arrière en avant. L'envergure du plan supérieur est de 17 m. 100, celle du plan inférieur de 12 mètres, ce qui donne une surface totale de 46 mètres carrés; le poids de l'appareil en vol atteignant 1,230 kgs, la charge unitaire est voisine de 27 kilogrammes, ce qui est un résultat remarquable.

Dans les appareils en bois, les montants d'assemblage de la cellule sont formés de deux parties assemblées par deux éclisses en acier verrouillées.

Ce dispositif, qui a pour but un démontage rapide des surfaces portantes, est certainement sujet à critiques.

D. F. W.

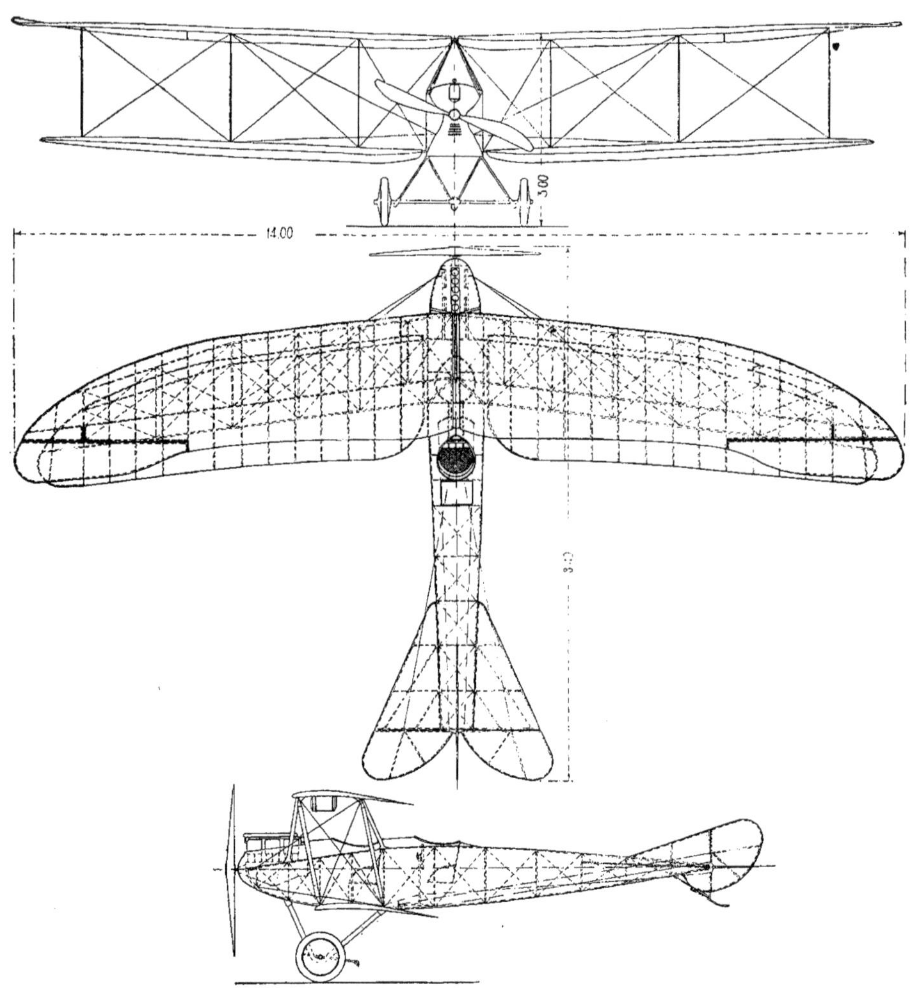

Châssis d'atterrissage. — Le châssis d'atterrissage, pour être simple, n'en est pas moins très robuste. Il est du type adopté depuis longtemps par les établissements Deperdussin, et dont l'emploi semble se généraliser de plus en plus.

Cependant, tandis que, chez Deperdussin, les cadres latéraux sont en contre-plaquage, ils sont ici en tubes d'acier.

Le châssis supporte directement le fuselage, il se compose essentiellement de deux tubes recourbés en U et disposés de chaque côté de la machine, et solidement entretoisés. Chacun de ces tubes supporte un petit essieu pourvu de deux roues « à la Farman ».

Ce châssis est à ce point robuste que, depuis sa première application, et cela malgré l'inexpérience des pilotes débutants et le grand nombre de faux atterrissages subis par la centaine de biplans livrés à l'armée, aucun cas de rupture de châssis n'a été enregistré.

Fuselage. — Le fuselage est caractéristique, tant par sa forme que par sa construction ellemême. Il se compose d'une sorte de coque en bois contre-plaqué, analogue à la coque de renforcement des premiers monoplans Deperdussin,

L'avant du fuselage et le train d'atterrissage du D. F. W. 150 H. P., 6 cylindres.

mais beaucoup plus longue. Cette coque est contre-plaquée en trois épaisseurs.

Elle porte, tout à l'avant, le groupe propulseur dont nous parlerons plus loin; les postes du passager et du pilote sont disposés en tandem, dans l'ordre; les systèmes stabilisateur et les gouvernails sont à l'arrière.

Le siège du pilote est extrêmement loin vers la queue. De sorte que le moment d'inertie de

Aéroplanes D. F. W.

Le nouveau biplan militaire 150 H. P.

l'appareil est très élevé (principe adopté autrefois sur les « Antoinette »). Le passager est assis sensiblement à hauteur du longeron arrière des ailes inférieures. La distance qui sépare les deux occupants est un peu trop grande et nuit aux communications du bord.

Le plan inférieur est interrompu de chaque côté du fuselage pour augmenter le champ de visibilité du passager.

D'ailleurs, celui-ci peut observer le terrain presque verticalement, en raison de sa position et du décalage des surfaces.

La partie supérieure du fuselage est recouverte d'un capot en tôle d'aluminium, depuis le moteur jusque derrière le siège du pilote. L'arrière est entoilé sur des formes en bois prolongeant celles de la coque.

Groupe propulseur. — Le moteur est un « Mercédès », remarquable par sa souplesse et sa faible consommation.

En effet, sa provision pour une heure n'excède pas 35 litres d'essence et 2,3 litres d'huile, alors qu'il développe à 1,400 tours une puissance de 112 1/2 HP.

Ce moteur est disposé, à l'avant du fuselage, immédiatement derrière le radiateur.

Un réservoir d'essence et d'huile d'une capacité de 230 litres est ménagé dans le fuselage, et alimente, au moyen d'une pompe actionnée par le moteur, la nourrice en charge qui fournit d'essence le carburateur.

Gouvernails. — Les gouvernails, empennages et équilibreurs sont naturellement disposés à l'arrière du fuselage. Une innovation intéressante est celle qui consiste à faire varier éventuellement, en vol, l'incidence de l'empennage horizontal. Cette manœuvre s'effectue au moyen d'un volant placé latéralement le long du fuselage, à portée de la main du pilote.

Ce dispositif revient à voler à une incidence variable, et donne à l'appareil d'appréciables qualités, lui permettant avec la plus grande aisance de disposer, au gré de l'aviateur, de son excédent de puissance, soit sous forme de vitesse horizontale, soit sous forme de vitesse ascensionnelle.

Il est à noter que le poids n'a pas été ménagé dans cet appareil : les instruments du bord, par exemple, sont plus complets de beaucoup que ce qui est généralement utilisé; et les deux aviateurs sont assis dans de larges sièges capitonnés qui pèsent chacun plus de 20 kgs.

Il est visible que le constructeur a recherché le confort des voyageurs, sans nuire à la solidité de l'ensemble, qui est établi avec le plus grand soin.

RÉSUMÉ DES CARACTÉRISTIQUES

Surface portante	46 mq.
Poids à vide	750 kg.
Envergure	17m400
Longueur	9m900
Puissance	100 HP
Charge utile	475 kg.
Vitesse	100 km.-h.

AÉROPLANES DUNNE

Les vols du commandant Félix à bord du biplan Dunne qu'il ramena d'Angleterre en France, ont mis en vedette le nom de cet appareil. Beaucoup le croient de conception nouvelle, alors que, en réalité, les expériences de vol plané qui amenèrent la construction de l'engin actuel furent entreprises par M. Dunne, en Ecosse, dès 1907.

Vers la fin de 1908, quelques essais furent faits avec un moteur sur un planeur renforcé; mais, en 1909, le premier aéroplane véritable fut établi. Il présentait, certainement, de grandes analogies avec l'appareil actuel, possédait deux hélices et un moteur Green de 50 HP.

Principe. — Une des caractéristiques des appareils Dunne est la forme des ailes qui présentent en plan l'aspect d'un V dont la pointe est tournée vers l'avant. Cette disposition avait d'ailleurs été essayée par Mouillard sur un planeur. On la retrouve sur presque tous les appareils allemands, à l'instar d'Etrich.

Les ailes de l'appareil Dunne sont plus rejetées en arrière que celle d'Etrich, affectant ainsi la forme d'un fer de lance. Mais, à l'inverse de l'Etrich, la courbure des surfaces augmente progressivement vers les extrémités, tandis que le bord s'incline vers le bas.

En raison de la disposition des surfaces, si

DUNNE

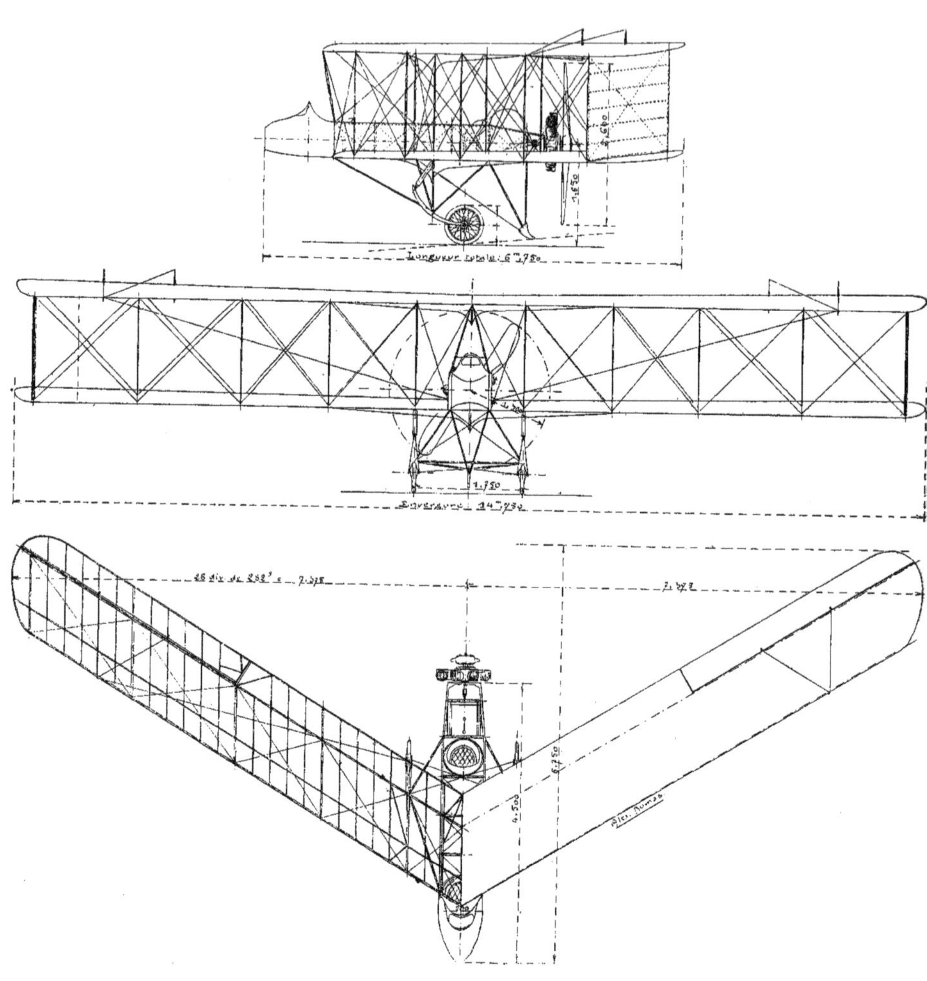

une rafale de côté frappe l'appareil, l'aile frappée se présente au vent relatif avec une courbure plus considérable que celle qu'elle présente dans le vol normal, tandis que l'aile sous le vent n'offre pratiquement qu'une résistance négli-

Le fuselage vu d'arrière.

geable. Dans ces conditions, l'ensemble de la machine tend à effectuer un virage pour venir face au vent, sans qu'il y ait besoin de faire intervenir un empennage vertical, comme dans les appareils courants.

Ce résultat est absolument l'opposé de celui obtenu par l'aile du type Etrich qui, nous le verrons plus loin, tend à virer pour se mettre vent arrière.

Au point de vue de la stabilité longitudinale, les poussées élémentaires dans les divers éléments longitudinaux de la voilure ne sont pas dans le même plan. L'incidence dans la partie arrière des ailes étant voisine de zéro en vol normal, à tout cabrage correspond une augmentation de poussée sensible, surtout vers les extrémités de la cellule, ce qui correspond à un recul du centre de pression, c'est-à-dire à une action stabilisatrice.

L'inverse se produit dans le cas des diminutions d'incidence.

D'autre part, la partie arrière des ailes qui remplit le rôle d'empennage se comporte comme une queue de surface variable, cette surface étant d'autant plus grande que la perturbation à corriger est plus considérable.

Réalisations. — Les appareils Dunne sont construits en Angleterre, en France et aux Etats-Unis d'Amérique.

Ces diverses réalisations, si elles sont identiques quant au principe même, diffèrent par des points de détail de construction, et notamment par le châssis d'atterrissage.

Néanmoins, nous nous bornerons, en raison de l'intérêt plus immédiat que présente en France cette circonstance particulière, à décrire l'appareil français, dont la licence est exploitée par les établissements Nieuport.

Châssis d'atterrissage. — La solution adoptée pour le châssis d'atterrissage, analogue à celle appliquée par M. L. Blériot sur son nouveau biplan, n'est autre que l'ancienne suspension Vendôme améliorée.

Le châssis de roulement se compose essentiellement de deux roues orientables montées à l'arrière de deux puissants patins. Chaque patin est articulé en son milieu sur la tête d'une tige de piston dont le corps peut coulisser à l'intérieur d'un tube dans lequel il est freiné. L'extré-

L'avant de l'appareil.

mité avant de chaque patin est reliée au sommet de ce corps de pompe par une liaison élastique.

Une béquille supporte éventuellement l'arrière

du fuselage et protège l'hélice en freinant à l'atterrissage. Mais les roues, placées relativement près du centre de gravité, ne s'effaceraient certes pas pour laisser place aux patins amortisseurs sans qu'il en résulte pour l'appareil de grandes chances de capotage.

Cellule. — La cellule, construite suivant le principe exposé plus haut, comporte deux ailerons de stabilisation servant aussi d'équilibreurs longitudinaux.

Ces volets peuvent être manœuvrés, soit dans le même sens, soit en sens inverse, et produisent, à la fois, les effets de variation d'altitude de virage et de redressement latéral.

Deux plans de dérive sont adjoints aux extrémités de la cellule et complètent l'action des ailes tordues en assurant la stabilité de route.

L'incidence des surfaces est très grande dans leur partie médiane; elles présentent, au centre, un onglet qui doit donner une résistance à l'avancement certainement appréciable.

CARACTÉRISTIQUES GÉNÉRALES

Surface portante.	55 mq.
Envergure.	14m 750
Longueur totale	6m 750
Poids à vide	500 kg.
Puissance.	80 HP
Charge utile.	520 kg.
Vitesse	85 km.h.

AÉROPLANES ETRICH-TAUBE

S'il fallait prouver que le principe des monoplans Etrich est excellent, les arguments ne seraient pas longs à découvrir. Il suffirait d'observer que la plupart des aéroplanes allemands présentent des dispositions renouvelées de ces appareils, et qu'ils n'en fonctionnent pas plus mal pour cela.

Comme la plupart des premiers constructeurs, Igo Etrich commença par étudier le planement et le vol des oiseaux, en 1898, quand il connut Lilienthal.

Plus tard, il étudia les organes propulseurs de toutes les espèces d'animaux volants : oiseaux, insectes, chauve-souris, poissons-volants ; et même examina les diverses graines volantes : celles du sycomore, du pin, etc... qui sont si abondantes dans le royaume végétal.

C'est de l'étude d'une graine, la zanonia, que sont dérivés les appareils Etrich. Cette graine est portée par une feuille qu'elle sert à lester, constituant ainsi un planeur élémentaire. Lorsque cette feuille est sèche, les extrémités arrière se recourbent vers le haut, donnant ainsi des extrémités d'ailes à incidence négative.

Dans son premier brevet, Etrich s'était efforcé de suivre de très près la forme de la zanonia. Plus tard, tout en conservant l'une de ses dispositions essentielles, l'attaque négative des bouts d'ailes, il modifia sensiblement la forme primitive et ajouta une queue.

Voilure. — La caractéristique essentielle du monoplan Etrich est la forme de ses ailes.

La partie antérieure, entre les deux longerons

L' « Etrich » vu de trois quarts avant.

L' « Etrich » vu de trois quarts arrière.

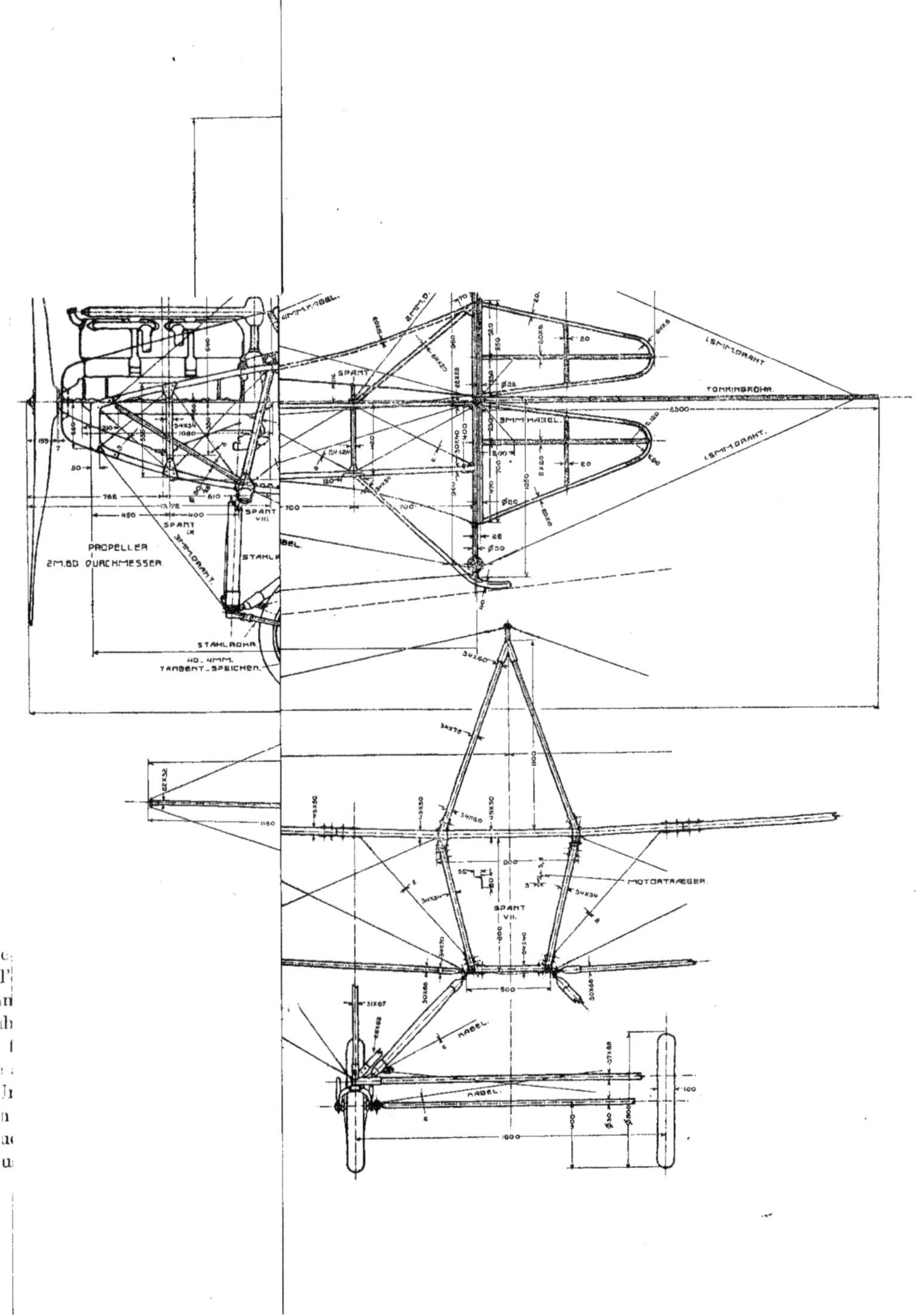
PROPELLER
2M.80 DURCHMESSER
STAHLROHR
40 - 4MM.
TANGENT-SPEICHEN
SPANT
SPANT VIII
SPANT IX
SPANT VII
TONKINGROHR
3MM KABEL
KABEL
MOTORTRAEGER

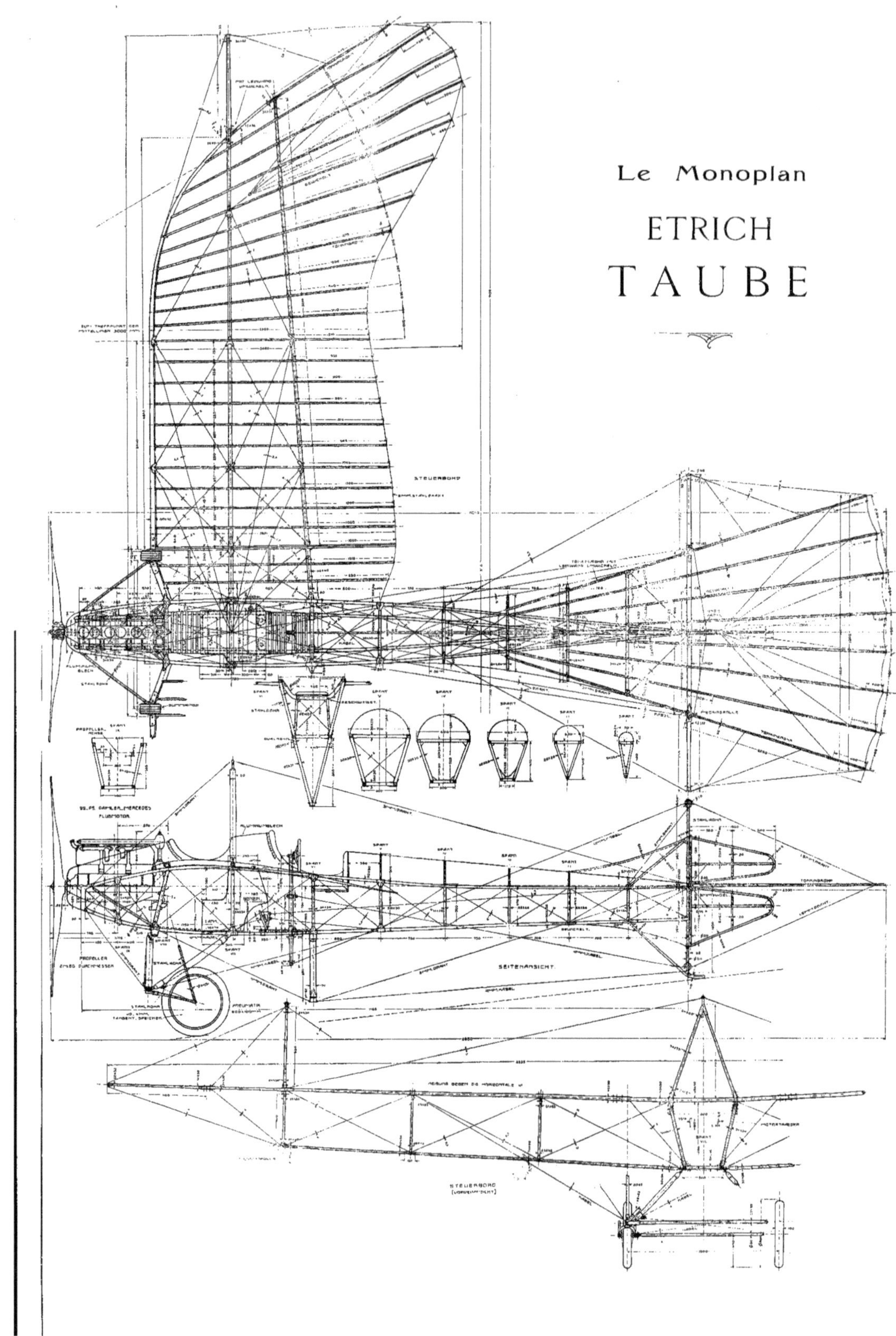

Le Monoplan

ETRICH

TAUBE

extrêmes, est constituée de nervures en bois : deux lattes clouées sur les trois longerons (procédé Wright) sont maintenues à leur écartement par des taquets cloués de loin en loin, qui assurent l'invariabilité du profil et consolident l'ensemble.

Derrière le troisième longeron, les nervures sont prolongées par des bambous ligaturés qui forment un bord de sortie flexible. Les ailes sont, de plus, souples aux extrémités de l'envergure.

soutenues par une poutre armée triangulaire régnant sur toute l'envergure : l'appareil est ainsi à l'abri d'une rupture de hauban et présente une solidité analogue à celle d'un biplan ; un essai de ce genre fut tenté en 1912 par Blériot : (type XIII). Le seul inconvénient de cette charpente est d'offrir une grande résistance à l'avancement.

Néanmoins, le rendement de l'appareil est excellent.

Comment sont construites les armatures de bouts d'ailes.

Pour cela, elles sont prolongées par deux ailerons constitués par des bambous analogues aux précédents, mais beaucoup plus longs. En raison de l'extrême souplesse de ces ailerons, un poinçonnage est nécessaire. Chaque bambou est haubanné au-dessus et au-dessous de l'aile par des fils d'acier qui vont s'attacher à un poinçon fixé au longeron arrière.

Une autre particularité remarquable du monoplan Etrich, c'est que les ailes, au lieu d'être tenues par des haubans fixés à des pylones sur le fuselage, suivant la méthode habituelle, sont

Queue. — L'empennage arrière est constitué comme la carcasse des ailes.

Son incidence et sa courbure sont nulles. La portion flexible forme l'équilibreur, commandé par conséquent, non point par articulation, mais par flexion.

Deux gouvernails triangulaires disposés de part et d'autre, au-dessus et au-dessous de l'empennage horizontal, sont commandés par des pédales disposées à portée du pilote.

Fuselage. — Le corps du monoplan Etrich est une poutre pisciforme constituée de quatre longerons de bois réunis par des montants et entretoisés en fil d'acier. De l'emplacement du moteur, le fuselage va en s'élargissant vers le siège du pilote; la section trapézoïdale va en s'effilant vers la queue où elle se termine suivant une ligne verticale.

Pour diminuer la résistance à l'avancement, le fuselage est entièrement recouvert : à l'avant en tôle d'aluminium; à l'arrière, en toile.

déformable; l'amortisseur est formé de bagues de caoutchouc disposées au sommet du système.

Une bêche articulée, disposée en arrière du centre de gravité, permet un freinage énergique lors de l'atterrissage.

Groupe propulseur. — Le moteur développe une puissance de 80 HP. C'est soit un rotatif, soit un austro-Daimler à 4 cylindres verticaux. Il est disposé à l'avant du fuselage et commande l'hélice en prise directe.

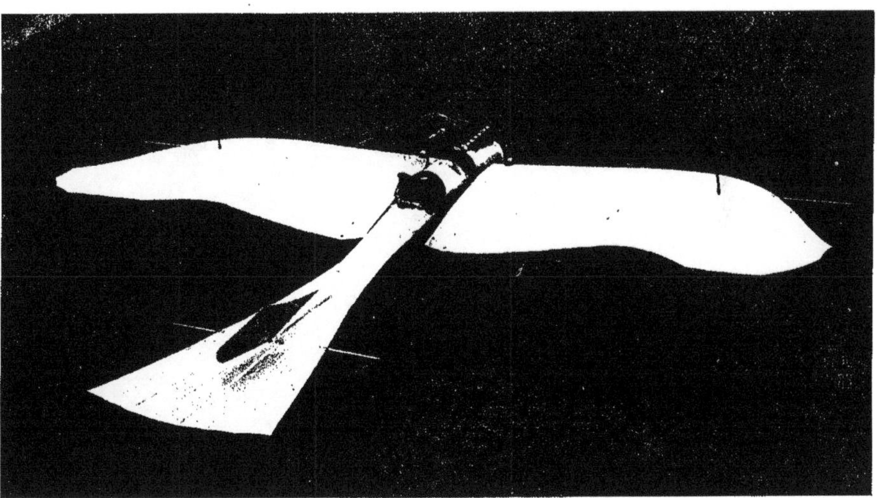

Le pilote et le passager sont assis en tandem entre les ailes; le pilote, en arrière, a les organes de contrôle à sa disposition.

Commandes. — Les commandes se font par le moyen d'un volant monté sur un levier, pour l'équilibre longitudinal et latéral. Le gauchissement n'est pas compensé ; l'incidence des ailes peut être seulement diminuée, sans être jamais augmentée. C'est une sorte de gauchissement unilatéral.

Châssis d'atterrissage. — Le châssis d'atterrissage est comparable au châssis Blériot. Les roues sont orientables et montées sur triangle

Dans le cas du moteur fixe, les radiateurs sont disposés de part et d'autre du fuselage.

RÉSUMÉ DES CARACTÉRISTIQUES

Surface portante	32 mq.
Poids à vide	400 kg.
Envergure	13m 150
Longueur totale	9m 380
Puissance	80 HP
Vitesse	105 km-h.
Charge utile	250 kg.

AÉROPLANES MARTINSYDE

La première impression éprouvée à l'aspect du monoplan anglais Martinsyde est celle de se trouver devant un démarquage de l'« Antoinette ».

Cet immense monoplan rappelle, en effet, par ses dimensions, par ses dispositions générales, voire même par son châssis d'atterrissage, la marque française défunte. Il s'en distingue par divers point de détail : la forme et le dessin des surfaces, les organes de contrôle, etc...

Voilure. — Les ailes sont presque rectangulaires; leur bord d'attaque est normal à la direction du vol. Une encoche est ménagée dans chaque aile, à l'arrière et contre le fuselage, pour diminuer l'angle privé de vue relatif au pilote.

Les ailes sont calées sur le fuselage avec un dièdre très faible. Une queue relativement petite, puisque sa largeur n'atteint que $2^{m},700$, est fixée à l'extrémité postérieure du fuselage. Elle affecte sensiblement la forme d'un demi-

MARTINSYDE

2,500
2,900
4,400
1,610
870
850
Envergure : 14m,355
3,240
3,500
1,250
1,600
2,700
1,000
1,350
6,740
875
10 div. de 674 = 6,740
2,970
1,650
1,000
2,730
Alex. Dumas.

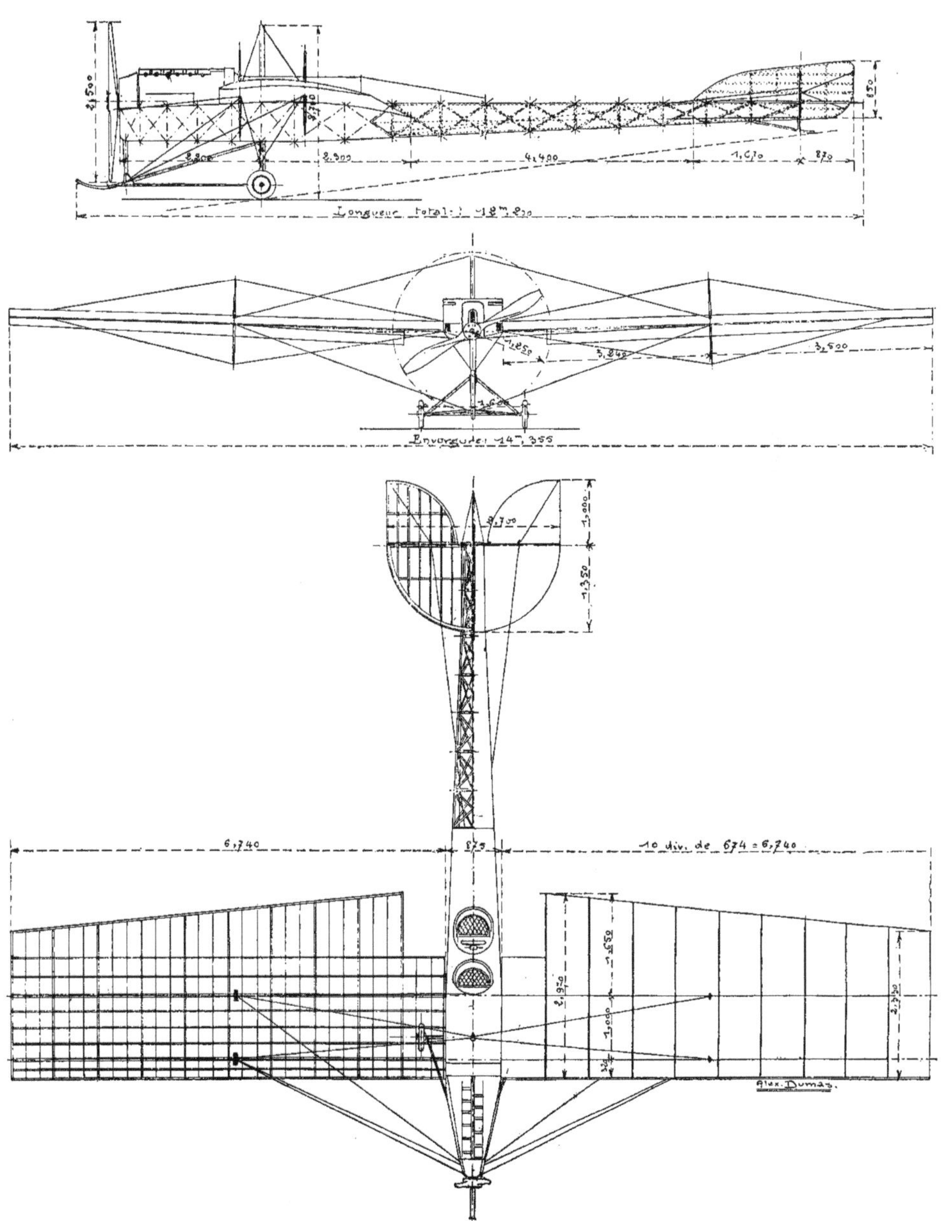

cercle. Sa surface inférieure est plate, tandis que sa surface supérieure présente un certain bombement.

A l'arrière est articulé le gouvernail de profondeur, composé de deux panneaux solidaires entre lesquels oscille le gouvernail de direction.

Les ailes sont montées sur deux longerons haubannés par le moyen de poinçons intermédiaires.

Chacun de ces longerons est constitué par une sorte de poutre à treillis comportant deux membrures en frêne réunies par un treillis intérieur en lattes de bois ; les deux côtés de cette poutre sont recouverts d'un contre-plaquage de 5 m/m en trois épaisseurs.

Le longeron avant, à l'épaule, a une hauteur de 178 m/m, se réduisant à 76 m/m à l'extrémité, pour une largeur de 38 m/m.

Le longeron arrière, pour une largeur de 48 m/m a une épaisseur de 152 m/m.

Sur ces deux longerons sont montées dix nervures principales composées d'une âme en spruce et de deux membrures de frêne. Dans l'intervalle, entre deux de ces nervures, sont ménagées deux nervures secondaires destinées à maintenir la toile.

Six fermes longitudinales, parallèles aux longerons principaux, complètent la superstructure des ailes, qui est renforcée par des encollages et des marouflages à tous les assemblages délicats.

Fuselage. — Le fuselage est, en principe, de section triangulaire. Les longerons supérieurs sont réunis transversalement par le moyen de tubes de duralumin et de croisillons en bois. Les côtés du fuselage sont aussi constitués par un treillis analogue.

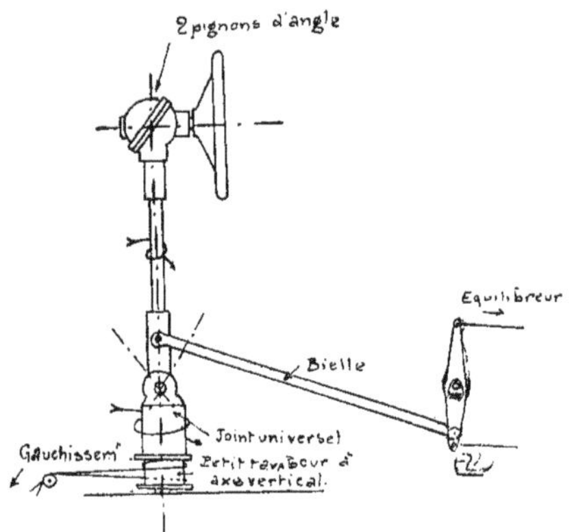

Schéma des organes de gouverne.

Le tout est recouvert d'un contre-plaquage en trois épaisseurs jusque et y compris l'emplacement du pilote. A l'arrière, le fuselage est simplement entoilé, par raison de légèreté.

Les cockpits sont formés d'un moulage en contre-plaqué ménagé à l'intérieur du capot en aluminium qui recouvre les organes moteurs. Le moteur lui-même est entièrement enfermé ainsi que le radiateur ; la circulation d'air nécessaire au refroidissement est assurée par l'existence de trois évents judicieusement disposés à l'avant du capot.

Haubannage. — Le mât principal de haubannage constitue en même temps le montant central du châssis d'atterrissage. Il supporte, en haut et en bas, deux câbles d'acier pour chaque aile, qui sont frappés respectivement sur le longeron AV et le longeron AR ; les deux câbles arrière formant un câble sans fin qui, passant sur une poulie, assure la commande rationnelle du gauchissement.

Les deux mâts intermédiaires ou « guignols » de haubannage sont disposés sur les longerons à 3 m 240 du fuselage.

Ce haubannage est complété par des tirants partant de la pointe du fuselage et du châssis d'atterrissage pour venir se fixer aux pieds des guignols, sur les longerons eux-mêmes.

Les attaches des câbles sont assurées par des sabots coniques dans lesquels le câble, préalablement enfilé, est déroulé et fixé, par un coin en acier: le tout est ensuite noyé dans un bain de soudure.

Commandes. — Les commandes sont assurées, pour le gauchissement et l'équilibreur, par un levier oscillant pourvu d'un volant à axe horizontal.

Les mouvements antéro-postérieurs du levier actionnent le gouvernail de profondeur: la rotation du volant vertical agit sur le gauchissement ainsi qu'il est expliqué sur le croquis ci-contre.

De telle sorte que la commande du gauchissement n'est jamais influencée par celle de l'équilibreur.

Châssis d'atterrissage. — Le châssis rappelle celui de l'« Antoinette », avec sa grande béquille rigide disposée à l'avant du fuselage. Les deux roues de 600 sont montées sur un essieu brisé articulé au pied du mât central de haubannage, et susceptibles de s'effacer de bas en haut par l'intermédiaire d'un système à télescope rappelé par un jeu de puissants amortisseurs.

Groupe propulseur. — Le moteur est un Austro-Daimler de 120 HP, disposé ainsi que nous l'avons vu précédemment en actionnant une hélice de 2 m. 500 de diamètre.

Cet appareil, brillamment exécuté, et construit avec un coefficient de sécurité qui atteint le chiffre de 16, peut néanmoins paraître avec raison, un peu fragile dans son ensemble, en égard à ses grandes dimensions et à son haubannage audacieux.

CARACTÉRISTIQUES GÉNÉRALES

Surface portante	35 mq.
Poids à vide	455 kg.
Longueur totale	12m 200
Envergure	14m 355
Puissance motrice	120 HP
Vitesse	130 km-h.
Charge utile	230 kg.

AÉROPLANES RUMPLER

LE TYPE " 1914 "

Le record mondial de la hauteur, établi par Linnekogel sur monoplan Rumpler, a attiré l'attention sur ce nouvel appareil dont la construction démontre d'ailleurs bien les progrès récents de l'aviation allemande.

Pendant longtemps la maison Rumpler s'en était tenue aux ailes « en Zanonia », mais le haubannage surabondant offrait une telle résistance que la vitesse de cet appareil ne dépassait pas 100 kilomètres à l'heure.

Voilure. — Dans le monoplan type "1914", on a conservé la forme classique des ailes tout en réduisant le haubannage au strict nécessaire savoir : quatre câbles en dessus et quatre en dessous pour chaque aile. En même temps on a remplacé les extrémités flexibles de la queue et des ailes par des volets du type ordinaire.

L'incidence des ailes du nouveau monoplan va en diminuant du milieu vers l'extrémité où l'attaque est nettement négative. Le fonctionnement des ailerons est tel qu'ils donnent seulement une réaction dirigée vers le bas et non vers le haut, de sorte que la traînée supplémentaire soit toujours bien du côté de l'aile la plus élevée.

RUMPLER

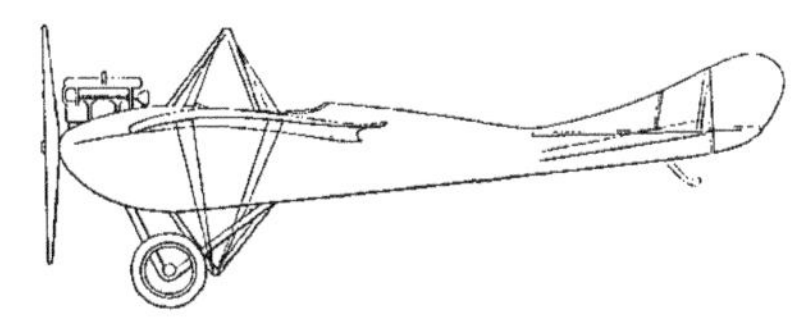

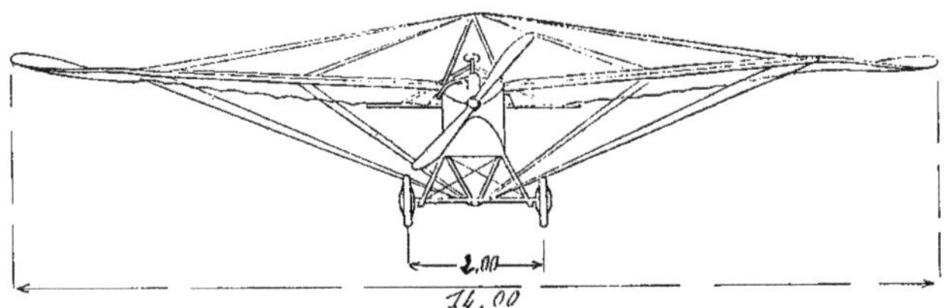

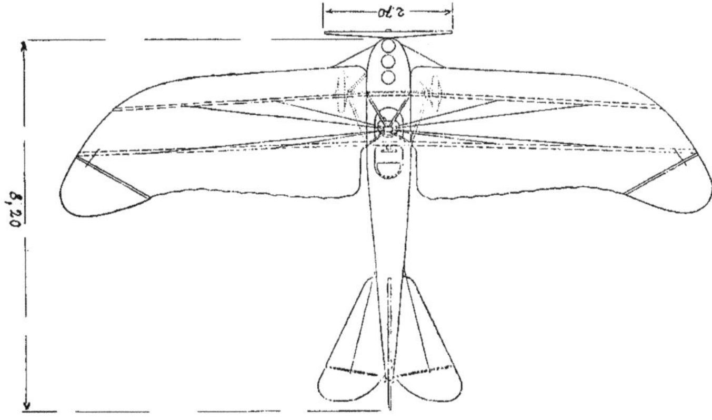

Les haubans inférieurs sont attachés sur un pylône de haubannage absolument indépendant du train d'atterrissage.

Fuselage. — Le fuselage de section rectangulaire a une largeur de 90 centimètres au maître couple, de manière à laisser largement la place pour les sièges du pilote et du passager, ainsi que pour tous les instruments de contrôle nécessaires.

Empennages. — L'empennage caudal comporte une surface fixe horizontale triangulaire terminée vers l'arrière par deux volets articulés horizontalement et constituant gouvernail de profondeur.

Au-dessus de la partie arrière du fuselage est fixé un plan quille de dérive en prolongement duquel, entre les volets-gouvernails de profondeur, évolue le gouvernail de direction.

Train d'atterrissage. — Le train d'atterrissage est formé de deux triangles latéraux en tubes d'acier profilé auxquels est suspendu à l'aide d'extenseurs un axe portant les deux roues. Un frein puissant, fixé sur l'axe des roues, permet l'atterrissage sur une cinquantaine de mètres.

Commandes. — Les commandes sont du type courant dit « militaire », la direction latérale est commandée par un palonnier aux pieds agissant sur le gouvernail, et tandis que le gouvernail de profondeur est relié à un levier se déplaçant d'avant en arrière devant le pilote, les ailerons de stabilisation latérale sont funiculairement solidaires d'un volant installé à l'extrémité supérieure de ce levier.

Tous les câbles de commande sont guidés sur des galets de bronze tournant dans des cages en fibre.

Groupe moto-propulseur. — Le groupe moto-propulseur se compose d'un moteur Mercédès 6 cyl. à refroidissement à eau, donnant 115 chevaux à son régime normal de 1,400 tours à la minute et d'une hélice montée en prise directe sur l'abre du moteur.

Le radiateur de rafraîchissement de l'eau de circulation est du système Windhoff et, en tubes d'aluminium, il est fixé directement sur le moteur de façon que l'eau dans les cylindres soit toujours en charge, pour éviter les poches de vapeur et assurer, en cas de fuite, la constante présence d'eau autour des cylindres.

CARACTÉRISTIQUES

Envergure	17 m.
Longueur totale	8 m. 20
Surface portante	29 mq. 2
Surface d'ailerons	1 mq. 40
Poids à vide	648 kgs.
Moteur	115 HP.
Hélice . . . D = 2 m. 70 P.	= 1 m. 48
Vitesse horaire	120 km.
Vitesse ascensionnelle : 800 m. en 6 min.	

LE " TAUBE "

Le monoplan « Rumpler-Taube " présente à première vue l'aspect d'un oiseau.

Fuselage. — Le fuselage très court de proportions, comparativement à l'envergure des ailes, se termine par un vaste empennage arrière en forme de queue d'oiseau et qui sert de gouvernail de profondeur.

Monoplan " Rumpler-Taube "

Suivant le mode de construction assez généralement employé en Allemagne, la section droite de ce fuselage est trapézoïdale à l'avant pour devenir triangulaire à l'arrière.

Un détail de construction est à noter : Pour l'assemblage des montants avec les longerons, la maison « Rumpler », emploie des raccords soudés avec des plaques d'acier, desquelles partent les tendeurs en corde à piano. Ces tendeurs soigneusement réglés empêchent toute déformation du fuselage, et assurent au corps de l'appareil une grande rigidité. Dans les raccords principaux, on emploie de la cornière d'acier soudée à l'autogène.

Ailes. — L'aile souple à double courbure du Rumpler est construite avec beaucoup de soin. Un croisillonnement en fils d'acier règne à l'intérieur sur toute la poutre rigide. L'aileron souple est constitué par des bambous ligaturés à l'extrémité des nervures. Chaque bambou est rattaché à un poinçon, faisant partie du léger fuselage qui supporte l'aile sur toute sa longueur. En plus de ce léger fuselage, l'aile est tenue par en dessous au moyen de haubans fixés au bord d'attaque et venant s'attacher à l'avant du fuselage et au châssis.

Train d'atterrissage. — Simple et robuste, le train d'atterrissage présente dans ses différents organes une attentive recherche de construction. Pour éviter une trop grande résistance à l'avancement, tous les montants transversaux qui coupent l'air sont soigneusement profilés et offrent une section de moindre résistance bien étudiée.

Deux roues articulées par l'intermédiaire de ressorts permettent à l'appareil de suivre les irrégularités de terrain, et de toujours reprendre contact avec le sol dans des conditions optima.

Le train d'atterrissage comporte aussi un frein très puissant permettant l'atterrissage en petit terrain.

Stabilisateurs. — La stabilisation longitudinale est assurée par un empennage arrière très porteur qui affecte la forme d'une queue d'oiseau.

Ce plan de profondeur, constitué par un ingénieux assemblage de bois et de bambous, permet, grâce à l'élasticité de ses nervures, de gouverner en profondeur par variations de son incidence moyenne.

La stabilisation latérale est obtenue par gauchissement des régions postéro-distales des ailes convenablement flexibles.

Les organes de manœuvre sont groupés suivant le mode ordinaire et consistent en un palonnier ou deux pédales de direction latérale et un levier à volant pour les commandes de profondeur et d'équilibre latéral.

Groupe moto-propulseur. — Il se compose en général d'un moteur de 100 HP.

AÉROPLANES SIKORSKY

La seule firme russe qui construise des aéroplanes originaux avec quelque succès est celle des Etablissements Sikorsky.

Les expériences de Sikorsky ont plus spécialement porté sur la réalisation du "poids lourd" aérien, et ses fameux appareils, le "Grand" et « l'Ilia Mouravietz " sont certainement les plus intéressants qui aient jamais été construits dans cet ordre d'idées.

Il est vrai que Sikorsky travaille avec l'appui moral et le large concours financier de son gouvernement, ce qui augmente singulièrement sa puissance personnelle.

A peine sorti de l'Institut technique de Kief, le jeune ingénieur russe, enthousiasmé par les progrès de l'aviation française, se mit à l'œuvre et débuta dans l'industrie aéronautique, en 1912, par la construction d'un biplan de conception originale. Cet appareil, après une mise au point parfaite, donna des résultats très satisfaisants, et, piloté par son constructeur lui-même, battit de nombreux records locaux de vitesse et de charge utile.

Dès lors, et après avoir obtenu de brillants résultats au Concours militaire russe, il se mit à construire les gigantesques avions, dont les succès retentissants lui ont valu une juste célébrité.

LE " GRAND "

Fuselage. — Le « Grand », construit en 1913, est un biplan à fuselage dont la forme et l'aspect général rappellent ceux des appareils du même type établis antérieurement.

Celui-ci est seulement beaucoup plus grand, et l'avant est constitué par une grande cabine vitrée qui peut contenir les deux pilotes et plusieurs passagers.

Groupe propulseur. — L'appareil est muni de 4 moteurs "Argus" de 100 HP, actionnant 4 hélices.

Ces quatre moteurs peuvent fonctionner ensemble ou séparément.

Ils sont disposés de front et horizontalement à l'avant de l'appareil.

Cellule. — La surface portante est de 120 mètres carrés; l'envergure du plan supérieur est de 28 m. 200; celle du plan inférieur de 22 m. 800.

La distance entre les plans est de 2 m. 100 et la longueur antéro-postérieure des surfaces atteint 2 m. 400.

L'équilibrage latéral est obtenu par des ailerons.

Queue. — A l'arrière du fuselage, complètement entoilé, sont disposés les gouvernails.

L'équilibreur à 8 m. d'envergure; il se compose d'un plan fixe non porteur à l'arrière duquel s'articule un volet mobile. La surface de l'ensemble atteint 12 mètres carrés.

Deux gouvernails verticaux conjugués assurent la direction de la machine.

Un fort patin protège le système lors de l'atterrissage.

Châssis d'atterrisage. — Le châssis d'atterrissage comporte quatre forts patins complétés par deux systèmes de quatre grosses roues suspendues élastiquement. Le départ un peu pénible quand le terrain n'est pas très sec, se fait sur un espace d'environ 200 mètres. Les atterrissages s'effectuent très normalement.

L' "ILIA MOURAVIETZ"

Plus grand encore que le " Grand ", cet appareil est un biplan de 37 mètres d'envergure, 20 mètres de long et 182 m. q de surface alaire.

Les plans, légèrement en V, sont verticalement distants de 2 m. 800.

La direction est assurée par trois plans verticaux dont la surface totale atteint 5 mq. Un plan horizontal dont la moitié arrière est mobile forme l'équilibreur.

La partie la plus originale et la plus curieuse de cet appareil est sans contredit le fuselage. Il mesure 1 m. 600 de largeur à l'avant; 0 m. 800 à l'arrière et 1 m. 800 de hauteur. Les aménagements suivants y sont installés :

Chambre de pilotage	3 mq.
Salon pour passagers	5 mq.
Cabine.	3 mq.
Lavabo	2 mq.

Le tout est éclairé, sur chaque côté, par quatre fenêtres carrées et trois hublots. Ces diverses pièces sont éclairées à l'électricité et chauffées par les gaz du moteur,

Les quatre moteurs "Argus" de 100 HP primitivement installés à bord et actionnant deux hélices latérales ont été remplacés par deux moteurs "Canton-Unné" de 200 HP chacun, ce qui réalise une économie de poids fort appréciable et augmente d'autant le rayon d'action.

En résumé, les appareils de Sikorsky, tout en ne mettant en œuvre aucune théorie révolutionnaire, réalisent déjà le problème des transports en commun par le « plus lourd que l'air. »

16 passagers transportés pendant 18 minutes; 8 passagers emmenés à travers la campagne à 1,000 mètres de hauteur pendant 2 h. 5 minutes; voilà ce qu'a pu faire le constructeur russe au bout de quelques mois de pratique industrielle.

CARACTÉRISTIQUES COMPARÉES

	" Grand "	" Ilia Mouravietz "
Surface.	120 mq.	182 mq.
Poids à vide . . .	2.700 kgs	3.200 kgs
Envergure	28m200	37m
Longueur.	20 m.	20 m.
Puissance.	400 HP	400 HP
Charge utile. . . .	850 kgs	1.400 kgs.
Vitesse.	85 km. h.	80 km.

AÉROPLANES SOPWITH

La « Sopwith Aviation C° L^{td} », l'une des firmes les plus actives de la Grande-Bretagne, est connue en France depuis fort peu de temps. Le fait d'avoir remporté en se jouant la coupe Schneider, à Monaco, a placé ses appareils au premier plan de l'actualité.

Nous donnerons quelques renseignements sur les divers types construits actuellement par les Etablissements Sopwith, tout en décrivant plus longuement l'hydravion vainqueur du dernier meeting.

" BAT-BOAT "

L'hydravion à coque centrale construit par la « Sopwith Aviation C° L^{td} » était exposé au dernier Salon de l'Olympia, à Londres, il était établi sur la demande de la marine anglaise, et pourvu d'un moteur de 200 HP. Canton-Unné.

Cet appareil est à peu de choses près semblable à celui qui remporta, l'an dernier, les prix Mortimer-Singer.

C'est un biplan à hélice arrière, pourvu d'une poutre de réunion à section rectangulaire supportant les empennages et les gouvernails.

Le moteur est monté entre les surfaces principales, tandis que les passagers sont installés dans la coque centrale, spacieuse et fort luxueusement aménagée.

Pourvu d'un poste de T. S. F., cet hydro, dont le plan supérieur, décalé vers l'avant, est beau-

SOPWITH

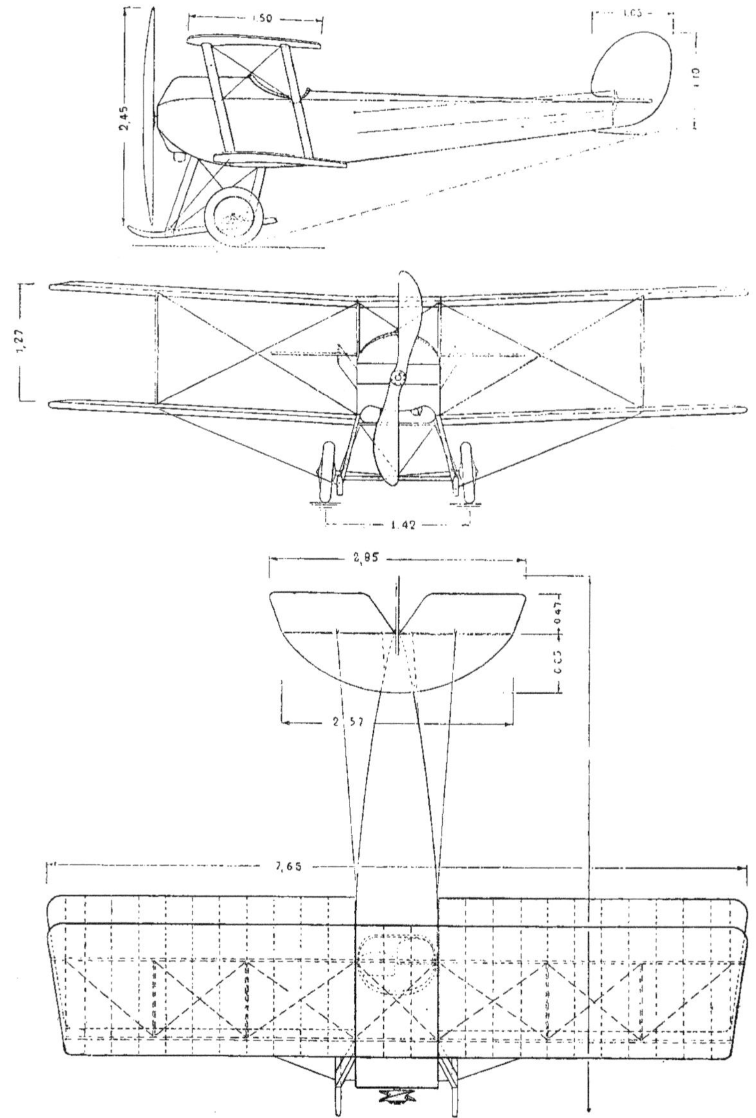

coup plus grand que le plan inférieur, peut emporter une charge utile de 450 kgs.

Le plan inférieur présente un dièdre assez accentué pour éviter qu'il ne plonge dans l'eau par une mer agitée.

Le flotteur, construit suivant les procédés habituels en cèdre contreplaqué assemblé par rivets de cuivre, est particulièrement soigné.

Les vitesses extrêmes réalisées par cet appareil sont de 65 et 115 km. à l'heure.

ÉCLAIREUR

Le biplan monoplace « Éclaireur », construit par les établissements Sopwith, est muni d'un moteur de 80 HP.

Il présente de grandes analogies quant à l'ensemble, avec le biplan Bristol monoplace; néanmoins, son fuselage se rapproche du « Nicuport ».

Le châssis d'atterrissage comporte deux parties supportant l'essieu élastique.

D'ailleurs, cet appareil se rapproche beaucoup de l'hydravion que nous allons étudier maintenant.

HYDRAVION *(Coupe Schneider)*

L'hydravion Sopwith a fait excellente impression à Monaco, tant en raison de sa grande facilité d'envol, que par suite du grand écart de vitesse qu'il est susceptible de réaliser.

Nous verrons par quels artifices le constructeur est parvenu à ces remarquables résultats.

Voilure. — Les deux plans du « Sopwith » sont égaux, et se présentent avec des angles d'attaque différents. Ils sont décalés en profondeur et en incidence.

Le décalage en profondeur atteint la proportion de 1/5 et le décalage en angle 4°. La surface inférieure a une incidence plus élevée que la surface supérieure. L'augmentation de rendement obtenue par ce dispositif a permis de réduire l'écartement vertical des plans aux 5/6 de leur profondeur.

Mais un résultat presque inattendu est de faire de cet engin, une sorte d'appareil à surface variable en ce sens, que, tandis qu'au décollage et à l'atterrissage, la surface supérieure est agissante, elle paraît s'effacer entièrement en vol normal.

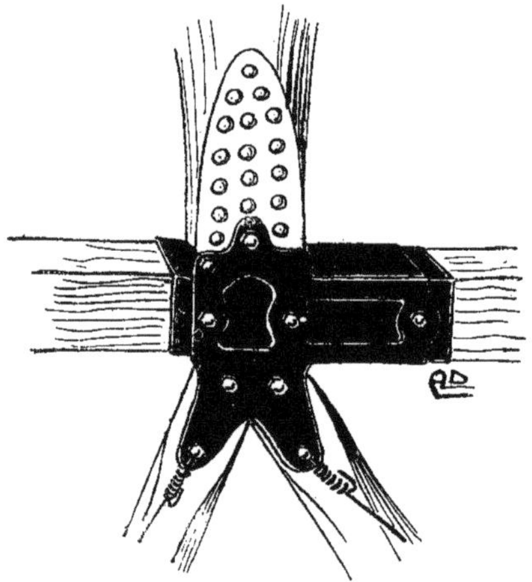

Le centrage de l'appareil est dès lors modifié; le centre de gravité et le centre moyen de pression sont pratiquement inversés, et le biplan acquiert la souplesse et la facilité de conduite d'un monoplan.

Au point de vue constructif, les ailes Sopwith gauchissables, sont en frêne et spruce, haubannées intérieurement et extérieurement avec le plus grand soin.

Comme dans le « Bristol », huit montants seulement réunissent les surfaces, et encore les quatre du milieu sont-ils dissimulés presque entièrement dans le fuselage.

Fuselage. — Celui-ci rappelle, ainsi que nous l'avons déjà signalé, les fuselages courants des monoplans Nieuport et Ponnier.

De section quadrangulaire, il se termine à l'arrière par une arête verticale servant d'axe au gouvernail de direction; il affecte une courbe ventrale assez prononcée.

A l'avant, le moteur, un monosoupape Gnôme de 100 HP, monté sur deux plaques d'acier, actionne l'hélice en prise directe.

Le pilote, presque entièrement dissimulé dans le corps de l'appareil, est à peu près à hauteur du bord de sortie du plan supérieur.

Le capot en aluminium qui entoure le moteur se prolonge sur le fuselage qu'il protège à l'avant : à l'arrière, l'entoilage est lacé et non pas collé.

Queue. — Le stabilisateur arrière n'est pas porteur ; il est prolongé par deux volets formant équilibreur entre lesquels se déplace le gouvernail de direction solidaire d'un petit gouvernail marin en cèdre contre-plaquée.

Un flotteur soigneusement profilé supporte l'ensemble du système.

Flotteurs. — Des flotteurs, peu de choses à dire : ils sont en catamaran à fond plat.

Ils sont reliés au fuselage par deux montants et deux jambes de force en tubes d'acier profilés et croisillonnés.

Réservoirs. — Sous pression. Une pompe montée sur l'un des montants et actionnée par une petite hélice fournit la pression nécessaire.

CARACTÉRISTIQUES

Surface	24 mq.
Poids à vide	385 kg.
Envergure.	$7^{m}500$
Longueur.	$6^{m}100$
Puissance.	100 HP
Charge utile	175 kg.
Vitesse maximum	160 km.
Vitesse minimum	75 —

AÉROPLANES THOMAS

La « Thomas brothers Aéroplane Company », de Bath (New-York), après avoir construit en 1912 et 1913 des appareils d'étude dont les essais furent concluants, établit actuellement divers types d'aéroplanes, dont les principaux sont le biplan à fuselage et l'hydravion à coque métallisée qui font l'objet des descriptions suivantes :

BIPLANS A FUSELAGE

Construit d'après le principe des biplans Farman, dont il rappelle par certains points les dispositions particulières, cet aéroplane présente néanmoins une certaine originalité.

Si l'influence de Curtiss s'est imposée quant aux procédés constructifs, elle n'a aucunement modifié la conception primitive de l'appareil lui-même.

C'est un biplan à centres confondus, plan supérieur prédominant, et sans équilibreur avant.

La nacelle est disposée entre les deux surfaces. Le pilote et son passager sont à l'avant; à l'arrière est monté le moteur Kirkham 65 HP.

Une poutre de réunion triangulaire supporte le système stabilisateur. Un plan fixe de petite dimension est prolongé par un volet de 2 mq.

Les gouvernails de direction, au nombre de deux, au lieu d'être montés sur la charpente fixe de l'appareil, sont montés sur l'équilibreur lui-même dont ils suivent les mouvements (quelque chose d'analogue a été fait en France par Albert Moreau).

Le châssis d'atterrissage, dérivé du type H. Farman, comporte deux patins très courts. Sur chaque patin est monté élastiquement l'essieu qui porte les deux roues jumelées.

Les patins sont disposés de telle sorte qu'ils permettent à l'atterrissage un angle de cabrage

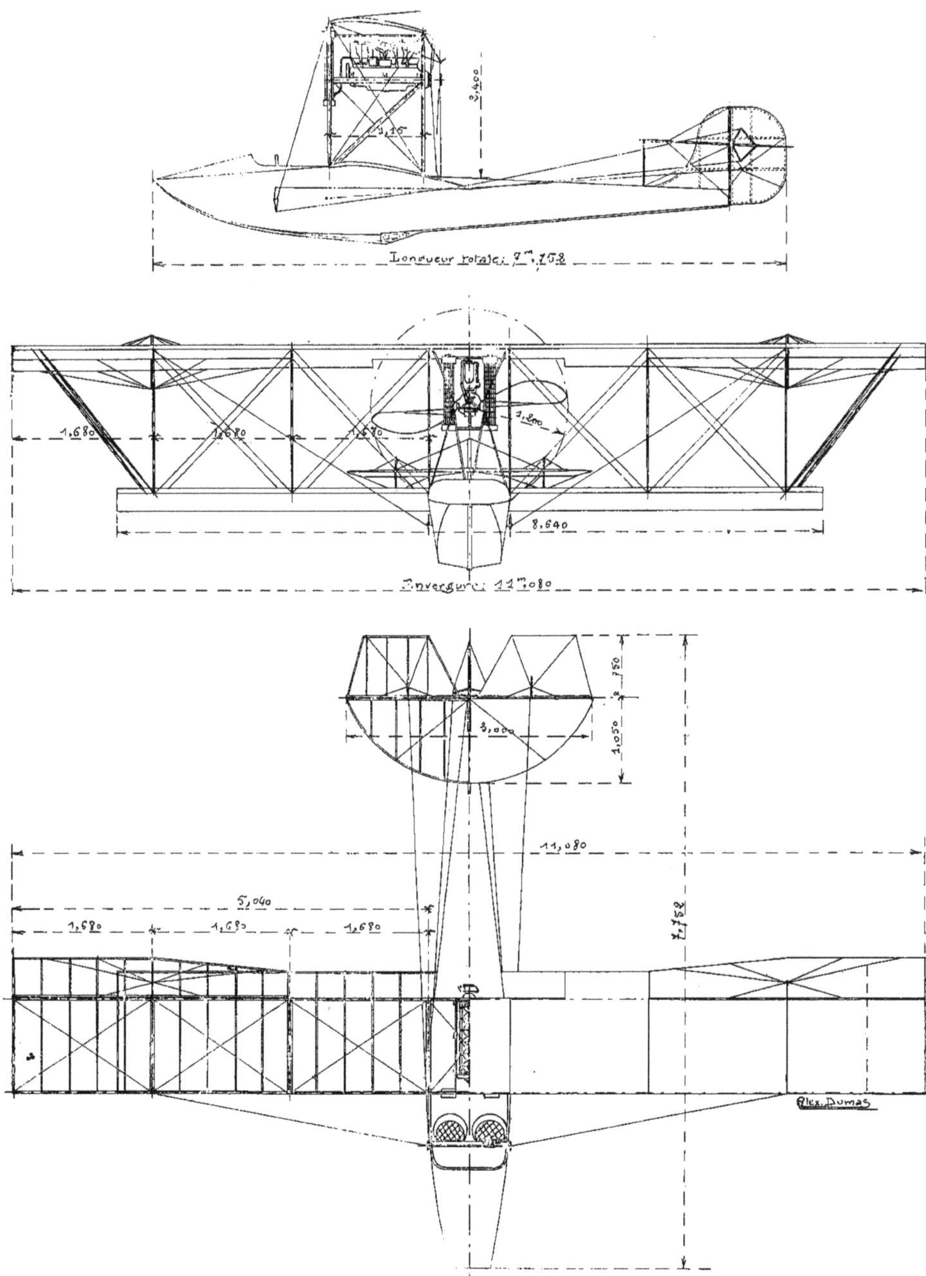
3,400
Longueur totale: 7m,752
1,680
1,680
1,680
8,640
Envergure: 11m,080
750
1,050
3,000
11,080
5,040
1,680
1,680
1,680
7,752
Alex. Dumas

très accentué. La disposition même de la queue l'éloigne suffisamment du sol pour qu'il ait été inutile de prévoir une béquille arrière dont nous avons ailleurs montré les inconvénients.

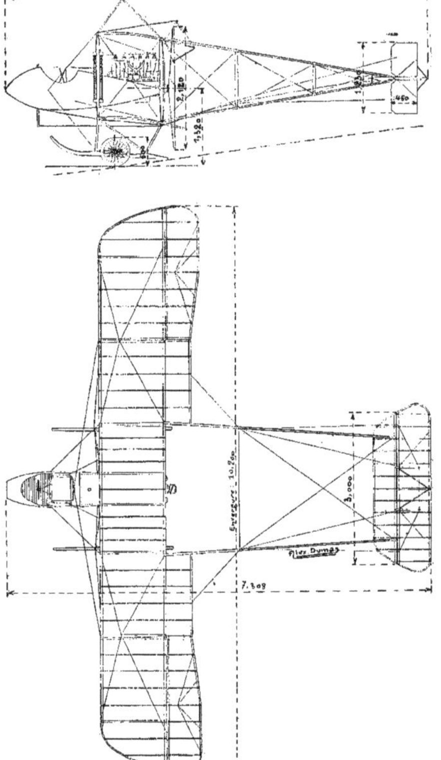

Le biplan à nacelle.

La stabilisation est assurée par deux ailerons conjugués « à la Farman », de 2,7 mq. susceptibles d'une variation d'incidence de 20 degrés.

De la construction même de la cellule, nous dirons peu de chose.

Chaque plan est établi par sections à la manière américaine, ce qui permet des réparations très faciles et surtout très rapides. Ce procédé

Le biplan à nacelle en vol.

ne présente rien de particulièrement original.

LE « FLYING BOAT », TYPE 1914

Le « Flying Boat » Thomas 1914, réalise certainement de nouveaux progrès dans l'art de l'aviation navale.

En 1912-1913, plusieurs méthodes de construction avaient été expérimentées.

Tout d'abord, la coque entièrement en bois fut essayée et abandonnée, en raison de la grande quantité d'eau absorbée par le plaquage.

Une telle coque, d'après les expériences effectuées par MM. Thomas Brothers, s'alourdit d'environ 50 kilogrammes après avoir été en service pendant deux semaines.

Ensuite, une coque en bois avec fond en métal fut expérimentée; mais si les résultats étaient meilleurs, les faces latérales de la coque absorbaient encore une grande quantité d'eau.

Enfin un troisième type fut essayé, dans lequel la coque était construite en bois et recouverte entièrement de métal. Ce canot volant, à la suite d'essais multiples effectués en été et en automne, donna entièrement satisfaction à ses constructeurs.

Sa facilité d'envol est telle que, 8 secondes après la mise en marche du moteur, il peut avoir quitté la surface de l'eau. Et sa vitesse dans l'air atteint 105 kil. à l'heure.

THOMAS

Coque. — La première particularité notable est sa ligne fort plaisante, qui ne nuit en rien à l'efficacité aérodynamique de la voilure. L'acier et le bois combinés font un canot réellement élastique, et dont les parois sont d'une certaine flexibilité.

La longueur de la coque est de 7 mètres. Elle est divisée en compartiments étanches dont chacun est d'un cube suffisant pour assurer la flottaison de la machine en cas d'accident.

La carène est en spruce ; sur cette carcasse, le corps même de la coque est construit au moyen de nervures de spruce distantes de 10 centimètres et contre-plaquées en cèdre.

Le fond du canot est constitué par deux couches de plaquage de 6 m/m.

Il présente un dièdre nettement accusé, ce qui en augmente la robustesse, sans en modifier le poids d'une manière appréciable.

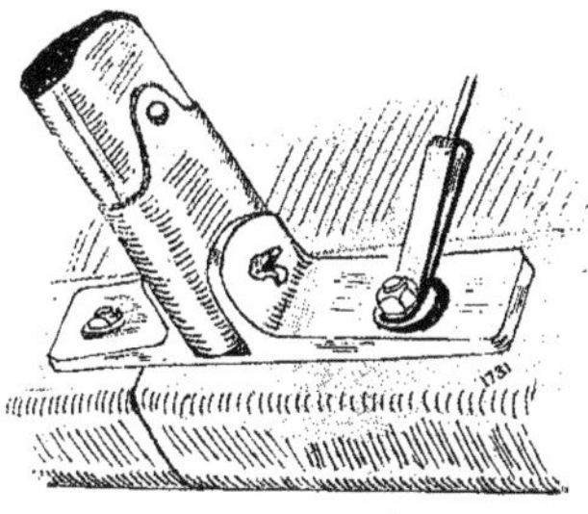

La coque ainsi constituée est ensuite entièrement couverte d'acier galvanisé. Cette méthode de construction, sans augmenter les difficultés des réparations éventuelles, empêche radicalement toute absorption d'eau et donne au canot une durée indéfinie.

Le capot supérieur est établi en acajou, et le cockpit est plaqué avec le même bois; les sièges sont capitonnés et tapissés en gris foncé.

Le panneau central du capot supérieur constitue une porte, qui, munie d'un bec-de-cane, donne un accès facile à l'intérieur.

Le fond du canot est protégé par un grand patin central en sapin, flanqué latéralement de deux patins plus petits. Le patin central est fixé à la charpente par un procédé breveté, de telle manière que l'étanchéité demeure complète.

Le canot est peint en gris, et tout le métal apparent est soigneusement poli.

Tel qu'il est conçu, il permet le montage du moteur, soit entre les plans de sustentation, soit dans la coque elle-même. Dans le premier cas, l'emplacement réservé dans la coque pour le moteur permet l'installation d'un siège supplémentaire.

Voilure. — Les ailes sont construites par panneaux, à raison de 7 panneaux pour le plan supérieur et 5 pour le plan inférieur.

Le haubannage est en câble d'acier galvanisé de 24/10 m/m, muni de tendeurs Blériot.

Les fils de commande sont doublés.

Commandes — Le stabilisateur fixe a une surface 4,86 mq.; et les deux volets de l'équilibreur font une surface totale de 2,4 mq.

Le gouvernail de direction fait 0,85 mq.

Un nouveau système de contrôle a été adapté à cet appareil.

L'équilibreur est mu à la manière habituelle et le gouvernail de direction est actionné par un volant monté à la partie supérieure du levier d'équilibreur.

Les ailerons sont manœuvrés au pied, comme chez Nieuport.

CARACTÉRISTIQUES COMPARÉES DES DIVERS TYPES

	Flying Boat	Biplan à nacelle
Surface portante	30 mq.	28 mq.
Poids à vide	530 kg.	385 kg.
Envergure du plan supér.	11 m.	10m200
— — infér.	8m400	7m155
Longueur totale.	7m740	7m308
Puissance motrice. . . .	90 HP	65 HP
Charge utile	230 kg.	250 kg.
Vitesse moyenne	100 km.-h.	100 km.-h.

AÉROPLANES WRIGHT

Nous ne referons pas ici l'historique des aéroplanes Wright, que nous avons faite sommairement dans un ouvrage précédent : « Les Aéroplanes de 1912 ».

L'étude que nous ferons des types les plus récents, mettra en lumière le perfectionnement continu des détails, et la conservation soutenue des principes initiaux.

Les biplans Wright sont généralement, comme en 1907, des appareils à deux hélices.

La voilure a conservé son excellent profil. Le gauchissement s'effectue de la même manière.

Somme toute, sauf pour les dimensions et certains détails d'exécution, rien n'est changé dans ces appareils.

HYDROAÉROPLANE TYPE CH

Les plans, gouvernails, moteur et commandes de cet appareil, suivent le modèle « C » commercial (voir : *Aéroplanes de 1912*).

L'envergure est de 11 m. 600, et la surface portante de 41 mq.

Le poids à vide est de 415 kg., sans compter le poids du flotteur central, qui est de 110 kg.

Un des nouveaux moteurs Wright, 6 cylindres,

WRIGHT

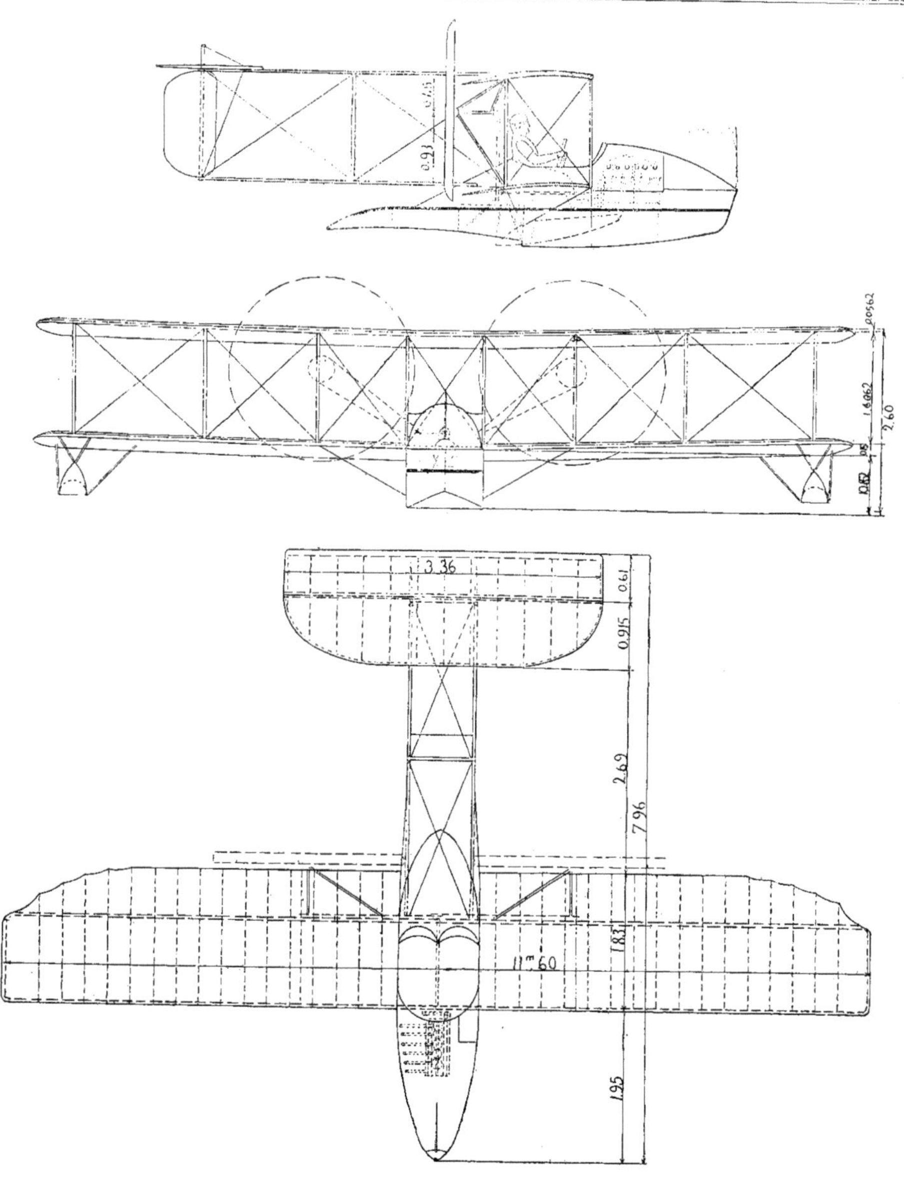

60 HP est monté à bord, actionnant deux hélices de 2 m. 600 de diamètre.

Le flotteur est unique : sa longueur est de 3 m. 050, sa largeur est de 1 m. 830 et son épaisseur de 254 m/m.

Un petit flotteur soutient la queue.

La forme du flotteur et sa position ont été déterminées avec grand soin et les résultats qu'il a donnés sont excellents.

Le flotteur est « suspendu » aux deux patins de l'appareil sans l'interposition d'aucun amortisseur. Il ne comporte aucun redan.

BIPLAN TYPE E

Le modèle « E », est le premier type d'appareil établi par la Wright C° qui soit équipé avec une seule hélice.

C'est un petit biplan à hélice propulsive unique, pourvu des commandes Wright du type courant, mais qui diffère entièrement des appareils précédents par les détails d'exécution.

Un moteur Wright de 4 cyl., 30 HP est disposé à côté du pilote. Il actionne, par une chaîne, l'hélice unique qui a 2 m. 135 de diamètre. La poutre de réunion est assez large à sa base pour laisser passer l'hélice.

Le moteur, le siège, les réservoirs, le radiateur et la transmission sont concentrés en une seule section centrale de la cellule, qui n'excède pas 1 m. 370. De chaque côté sont fixées les ailes, rapidement démontables.

Les attaches des fils à la base des montants sont constitués par un nouveau « crochet » fort ingénieux : il suffit de sortir le montant de son alvéole pour détendre immédiatement les haubans, et les retirer. Ils se trouvent naturellement tendus et réglés lorsque le montant est remis en place.

Le châssis d'atterrissage rappelle celui du type « C ».

Les dérives disposées à l'avant des patins sont construites en bois et leur haubannage est extrêmement réduit.

La transmission des commandes entre le pilote et les organes passifs est absolument nouvelle, en raison de la nécessité de dégager l'hélice et de protéger les fils et câbles dans son voisinage.

Le gouvernail de direction est de la forme usuelle à double surface (0,40 de largeur et 1 m. 200 de hauteur). L'équilibreur a 3 m. 650 d'envergure et 0 m. 760 de largeur.

Construit spécialement pour les exhibitions, ce biplan monoplace possède une grande maniabilité, et un excès de puissance très suffisant.

AERO-BOAT TYPE G

Le type « G », se compose de deux parties distinctes : le canot contenant les sièges et le moteur, auquel est fixé rigidement le bâti de l'aéroplane, comportant les ailes et les gouvernails.

Les sièges, côte à côte, sont placés en avant de la surface inférieure, le moteur est placé au-dessous et en arrière, et actionne deux hélices par le moyen habituel.

La partie aérodynamique est identique à celle du type « C », sauf que la disposition des montants est changée, en raison de la concentration des masses au centre de l'appareil.

L'envergure est de 11 m. 600, et la surface totale de 40 mq.

Les hélices ont 2 m. 600 de diamètre et tournent à 600 tours.

La partie la plus intéressante de cet appareil est le « canot » lui même, qui est d'une forme nouvelle. Il est construit en métal inoxydable, et avec un soin tout particulier.

Il se compose, au point de vue hydroplane, de deux surfaces en tandem qui présentent leur angle optimum à la surface de l'eau au moment précis où les surfaces planantes sont dans les conditions les plus favorables.

La surface est particulièrement étudiée. La coque a 0 m. 915 de profondeur, 5 m. 500 de long et 1 m. 090 de largeur.

Elle est divisée en six compartiments étanches.

La disposition des sièges et des commandes est fort intéressante, et approche, au point de vue confort, des meilleures installations automobiles.

WRIGHT

Le moteur est commandé par pédales et levier.

Une ancre est ménagée à bord, dont le jet est extrêmement facile et rapide.

Le moteur possède une mise en marche de sécurité par manivelle.

Deux flotteurs auxiliaires métalliques sont ménagés sous les ailes.

CARACTÉRISTIQUES COMPARÉES DES DIVERS TYPES

	CH	E	G
Surface	41 mq.	29 mq.	40 mq.
Poids à vide	525 kg.	330 kg.	545 kg.
Envergure	11m600	9m750	11m600
Longueur	9m100	8m510	8m720
Puissance	60 HP	30 HP	60 HP
Poids utile	275 kg.	130 kg.	275 kg.
Vitesse	95 km.	95 km.	100 km.

LES DIFFÉRENTS TYPES

DE

MOTEURS  "GNOME"

Pour répondre aux désiderata des aviateurs, les constructeurs du « Gnome » ont été amenés peu à peu à créer de nombreux types de moteurs réalisant des puissances de plus en plus considérables.

Tous ces moteurs dérivent très simplement du 50 HP. Ils ont la même vitesse angulaire que lui, les mêmes avances à l'allumage et à l'échappement; ils en diffèrent seulement par les dimensions plus grandes données à l'alésage et à la course, en un mot, par l'augmentation du volume de la cylindrée.

La maison Gnome construit des 100, 120, 160 et 200 chevaux.

Ces moteurs ont les mêmes caractéristiques que les 50 chevaux. Les 100, 120 et 160 sont à quatorze cylindres et le 200 chevaux est à dix-huit cylindres. Ces moteurs sont formés par l'accouplement de deux moteurs à 7 ou 9 cylindres, les cylindres du deuxième moteur étant décalés par rapport à ceux du premier d'environ 26 degrés.

Le carter est donc double comme largeur de celui du moteur ordinaire; la distribution est à peu près la même; il n'y a que sept ou huit cames et colliers, seulement, chaque collier porte deux poussoirs diamétralement opposés et commande deux cylindres au lieu d'un.

Sur l'arrière se trouvent les deux pompes à huile et les deux magnétos avec le distributeur du courant aux quatorze bougies d'allumage.

Les deux moteurs sont donc en quelque sorte indépendants, ce qui a l'avantage de permettre à un seul, en cas d'avarie légère de l'autre, d'assurer la propulsion de l'aéroplane; par contre, cette disposition a l'inconvénient de multiplier outre mesure les organes sur lesquels doit agir le pilote. Ce moteur ne se monte jamais en porte à faux, mais toujours sur deux supports.

Les phases (admission, compression, allumage, échappement), des groupes de cylindres avant et arrière se font en des points diamétralement opposés, c'est-à-dire que l'un des groupes étant monté comme d'habitude *le maneton en haut*, l'autre est disposé *le maneton en bas*.

Nous avons réuni, dans un seul tableau, les caractéristiques et le poids de tous les types construits en ce moment, en série, par les ateliers d'Argenteuil. Nous représentons ici quelques-uns de ces moteurs; il faut remarquer que les dimensions apparentes ne sont pas en rapport avec les grandeurs réelles, les échelles étant différentes.

Si on compare les moteurs au point de vue du rapport de

	Ω	Σ	Λ	Δ	Ω Ω	Σ Σ	Λ Λ	Δ Δ	Monosoupapes	
TYPES	50	60	80	100	100	120	160	200	A	B
Puissance	50	60	80	100	100	140	160	200	80	100
Cylindres	7	7	7	9	14	14	14	14	7	9
Alésage	110	120	124	124	110	120	124	124	110	110
Course	120	120	140	150	120	120	140	150	150	150
Tours	1200	1200	1200	1200	1200	1200	1200	1200	1200	1200
Poids	78	87	94	135	140	135	180	245	»	»

l'alésage à la course, on remarque qu'une grande course semble préférable, à puissance égale, bien qu'elle exige du piston une vitesse linéaire un peu plus considérable parce qu'alors, la surface extérieure du cylindre augmente et que le refroidissement se fait mieux. Il est intéressant de remarquer que ce sont justement les moteurs longs qui donnent, en pratique, les meilleurs résultats.

En 1913, la Société des moteurs Gnome a créé un nouveau type de moteur rotatif dénommé Monosoupape.

Le moteur rotatif Gnome monosoupape se distingue du

Le " Gnome " 14 cylindres.

type courant par la suppression de la soupape d'admission, ce qui entraîne une simplification importante, une grande diminution de l'entretien et augmente sensiblement le rendement et la puissance massique.

L'admission du mélange se fait en deux parties :

a) Une certaine quantité d'air est aspirée par les soupapes d'échappement qui restent ouvertes après la fin de l'échappement pendant une partie de la course d'aspiration.

Cet air rentrant par les soupapes d'échappement qui sont très larges, remplit la cylindrée sans perte de charge, en même temps qu'il refroidit les soupapes d'échappement.

b) Le mélange est complété par l'introduction en fin de course d'aspiration d'un gaz riche composé d'une très faible quantité d'air servant de véhicule à l'essence.

Ce mélange est contenu dans le carter et se précipite dans le cylindre par les orifices démasqués par le piston, complétant la cylindrée et assurant le remplissage absolu, étant donnée la grandeur des orifices offerts au gaz.

La composition même du mélange contenu dans l'intérieur du carter le rend ininflammable, c'est ce qui permet au moteur de fonctionner malgré que ces gaz soient en contact un tour sur deux avec les gaz non encore éteints de l'échappement. Ce nouveau moteur porte des soupapes d'échappement très robustes, avec un dispositif de graissage spécial pour les axes des leviers de commande des soupapes.

Toutes les parties du moteur sont graissées positivement et l'huile est conduite à chaque emplacement par des canalisations étanches.

Le réglage de la vitesse du moteur se fait par étranglement des soupapes d'échappement, ce qui permet un ralenti de 200 tours non encore atteint jusqu'à ce jour dans aucun moteur rotatif.

La carburation se fait entièrement à l'intérieur du carter, ce qui évite la formation de glace sur les carburateurs, comme cela arrive en hiver.

L'arrière de l'arbre du moteur est entièrement fermé, et l'aspiration de l'air se fait par le nez du moteur, ce qui rend impossible un retour de flamme du côté des réservoirs ou des tuyauteries d'essence.

Enfin, l'alimentation d'essence est assurée par une pompe, ce qui évite des ratés fréquents pendant les virages, lorsque le gicleur n'est alimenté que par la pression naturelle des réservoirs.

La Société des moteurs Gnome construit actuellement, dans la nouvelle série des monosoupapes, les types de 80 chevaux sept cylindres, 100 chevaux neuf cylindres, 160 chevaux quatorze cylindres et 200 chevaux dix-huit cylindres.

Montage d'un " Gnome "
en porte à faux sur un biplan.

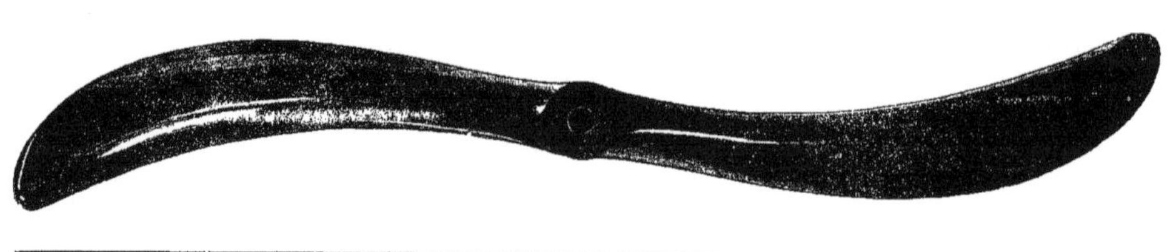

Les Hélices " LEVASSEUR "

Le principe des hélices " LEVASSEUR " est suffisamment compris pour que nous n'ayons pas à en reparler, mais tout principe est approuvé par les uns, et rejeté par quantité d'autres. La pratique seule a pu démontrer aux plus incrédules que celui des hélices "LEVASSEUR" augmentait sensiblement le rendement des hélices actuelles.

Après des essais de toute nature, M. Levasseur est arrivé à établir un type d'hélice dont le rendement réel est de 82 o|o. Pour arriver à un tel résultat, de grands soins dans la construction sont nécessaires, c'est pourquoi M. Levasseur a transporté ses Ateliers, 140 bis, rue de Javel. Là, grâce à l'outillage spécial qu'il y a installé, à l'approvisionnement de bois de premier choix qu'il y a rassemblé, grâce au personnel de spécialistes qu'il a sous ses ordres, il est arrivé à construire les hélices dans des conditions de perfection absolue.

L. C.

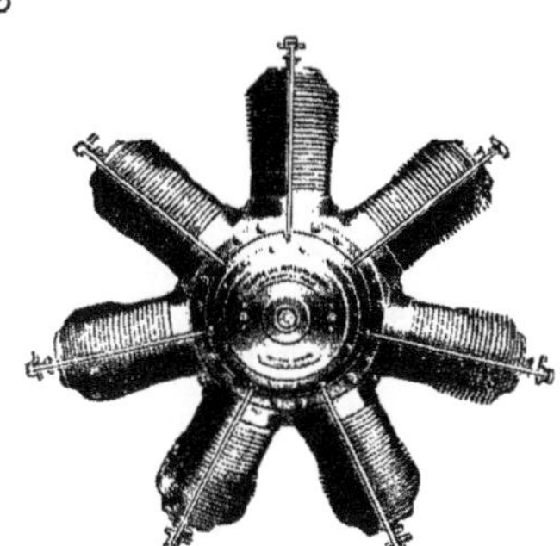

Aéroplanes PAUL SCHMITT à incidence variable

FOURNISSEUR DE L'ARMÉE

Ateliers et Aérodrome :

CHARTRES (Eure-et-Loir)

Téléphone : 2-46

ÉCOLE DE PILOTAGE

Prière d'adresser les lettres à PAUL SCHMITT, boîte postale n° 5. - CHARTRES (E.-et-L.).

Liste des Performances réalisées par le Biplan Triplace Militaire, type n° 7

Records du Monde de la Hauteur

25/2/14. Aviateur et 4 passagers : 3.050 mètres.

4/2/14. Aviateur et 5 passagers : 2.230 mètres. 36 minutes, charge : **560** kgr.

31/1/14. Aviateur et 6 passagers : 1.750 mètres. 27 minutes, charge : **625** kgr.

17/3/14. Aviateur et 7 passagers : 1.600 mètres. 31 minutes, charge : **690** kgr.

28/3/14. Aviateur et 8 passagers : 1.530 mètres. 44 minutes, charge : **758** kgr.

31/3/14. Aviateur et 9 passagers : 1.590 mètres. 59 minutes, charge : **823** kgr.

Records du Monde de la Vitesse

22/4/14. Circuit fermé sans escale, aviateur et 6 passagers, charge : **620** kgr.

10 kilomètres, durée	: 5 m. 35 s.
20 — —	11 m. 12 s. 1/5
30 — —	16 m. 48 s. 4/5
40 — —	22 m. 28 s. 1/5
50 — —	28 m. 5 s. 2/5
100 — —	56 m. 44 s.

10/6/14. Circuit fermé sans escale, aviateur et 5 passagers, charge : **520** kgs.

10/6/14. Circuit fermé sans escale, aviateur et 4 passagers, charge : **620** kgs.

Record du Monde de la Distance

22/4/14. Circuit fermé sans escale, aviateur et 6 passagers, charge : **620** kgr.
110 kilomètres.

Records du Monde des Temps

22/4/14. Circuit fermé sans escale, aviateur et 6 passagers, charge : 620 kgr.

1/4 heure, 20 kilomètres.
1/2 — 50 —
1 — 104 kil. 141 mètres.

Records du Monde de la Durée

2/7/14. Circuit fermé sans escale, aviateur et 3 passagers, charge : **620** kgs.
4 h. 2 m.

22/4/14. Circuit fermé sans escale, aviateur et 6 passagers, charge : **620** kgr.
1 h. 2 m. 25 s. 3/5.

Record du Monde de la plus grande Vitesse

22/4/14. Circuit fermé sans escale, aviateur et 6 passagers. charge : **620** kgr.
107 kil. 462 mètres.

EN JUILLET 1914

le biplan à incidence variable **Paul SCHMITT, Type n° 7** détient **43** records du monde.

Extrait du Catalogue

DE LA

LIBRAIRIE AÉRONAUTIQUE

40, Rue de Seine, 40. -:- PARIS-VIme

ADER. — **Les Maîtres de l'Aviation**. 1 50

BADOUREAU. — **L'atmosphère terrestre et la navigation aérienne** . . . . 3 »

CLAVENAD (Lieutenant). — **Pour devenir aviateur.** Préface de Henri Lavedan, de l'Académie Française. . . . . 1 »

DE BAEDER et DUCOUCHET. — **Dictionnaire illustré de la Navigation aérienne** . . . . 3 »

DE BREYNE. — **Comment on pilote un ballon libre** . 1 »

DE GASTON. — **Les Aéroplanes de 1912.** Étude technique avec plans cotés pour la plupart des principaux appareils existant au début de 1911, avec description des principaux moteurs d'aviation. . 8 »

DESMONS. — **Comment reconnaître les avions militaires français, anglais et allemands** . . . . . . 1 »

DUCHÊNE (Capitaine). — **Apprécier un aéroplane, l'améliorer s'il y a lieu** . . . . 5 »

DUCHÊNE (Capitaine du Génie). — **Causeries sans formules sur l'aéroplane**. . . . . 5 »

DO (Commandant). — **Le ballon libre.** Un beau vol. de 510 pages . . . . 12 »

DUJARDIN (H.), Ing. E. C. P. — **Sustentation, propulsion, évolution de l'aéroplane** . . . . 3 »

EIFFEL (G.). — **Recherches expérimentales sur la résistance de l'air** . . . . 6 »

ESNAULT-PELTERIE. — **Quelques renseignements pratiques sur l'aviation**. . . . . 3 »

ESTIENNE et GALLIÉ. — **L'aviation à la portée de tous.** "Ce qu'il faut savoir", ouvrage de vulgarisation, illustré de gravures et schémas explicatifs. 0 50

FIEUX. — **Modèles d'aéroplanes** . . . . 2 »

FONTAINE. — **Comment Blériot a traversé la Manche.** Un beau vol. de 200 pages grand format, illustré de 72 gravures. Couverture en couleurs . . . . 3 »

GOUIN (Capitaine). — **En plein ciel** (Pratique du Cross-Country aérien). . . . . 3 »

GUIRONNET. — **Formulaire pour la construction des aéroplanes.** Un volume de poche . . . . . . 3 »

HOVARD. — **Les ascensions en cerf volant**. . . . . 2 »

INSTITUT AÉRODYNAMIQUE DE KOUTCHINO (Bulletin de l'). Fascicule I, un vol. 110 pages. . . . 8 »
Fascicule II, un vol. 128 pages . . . . 8 »
Fascicule III, un vol. 124 pages. . . . . . . 8 »

LE DANTEC (Abbé). — **Théorie géométrique et mécanique de l'Hélice. Turbine. Expériences sur la résistance de l'air.** Un volume . . . . 3 »

LELASSEUX et MARQUE. — **L'Aéroplane pour tous**, suivi d'une note de M. P. PAINLEVÉ, membre de l'Institut, sur les **Deux écoles d'aviation : Historique; Théorie de l'Aéroplane ; Les moteurs d'aviation ; Monoplans, biplans, polyplans ; L'avenir de l'aviation ; Appendice.** 1 vol., format 21×13, illustré de nombreuses gravures et figures, broché. 2 »

MALLET. — **La Conquête de l'air et la paix universelle** 1 50

MONOGRAPHIES D'APPAREILS D'AVIATION. —
Aéroplanes Antoinette, par l'ens. de vaiss. Lafon. 1 50
Les Aéroplanes Blériot, par le capitaine Félix . . 1 50
Les Aéroplanes Morane-Saulnier, par Brindejonc des Moulinais. . . . . 2 »
Les Moteurs Gnôme, par le lieutenant Remy. . . 1 50

MOUILLARD. — **Le vol sans battements**. . . . . . 10 »

PAINLEVÉ, de l'Académie des Sciences — **Organisation, en France, de la locomotion aérienne.** Observations présentées au groupe sénatorial de l'aviation 0 50

PETIT (Robert). — **Comment on construit un aéroplane.** Un vol. 200 pages, nombreuses figures. . 2 »

POULEUR. — **L'Hélice aérienne** . . . . 3 »

RABBENO (Capitaine de la marine royale italienne). **Théorie synthétique de l'hélice propulsive**. . . . . 3 »

REMY (Lieut[t]). — **Comment on forme un aviateur.** . 2 »

REMY (Lieutenant). — **Précis de météorologie à l'usage des aviateurs** . . . . 3 »

RIVIÈRE. — **Les Hydro-Aéroplanes**. . . . . 3 »

SAULNIER (R.). — **Equilibre, centrage et classification des aéroplanes** (3e édition). . . . . 3 »

SÉE (Alexandre). — **Les lois expérimentales des hélices aériennes**. . . . . 3 »

SOREAU (R.). — **L'hélice aérienne propulsive** . . . 6 »

SOUVESTRE (Pierre). — **Jojo Ier, Roi de l'air**, roman illustré par Lucien Métivet 3 50

DERNIÈRES NOUVEAUTÉS :

G. SENSEVER (Lieut[t]) et L. BALLIF (Ing[r] de l'artillerie navale). — **Le Combat aérien** . . . . 3 »

HAMON et JAMES. — **Le Manuel de l'Aviateur** (*4e édition revue et augmentée*). . . . . 3 »

TARIS et BERTHIER. — **Les Moteurs d'Aviation** (*4e édition complétée et mise à jour*). 7 50

Le Catalogue est envoyé sur demande

Expédition franco sitôt réception du montant. — Il n'est pas fait d'envois contre remboursement

Notre librairie se charge de l'édition de tous ouvrages et travaux concernant la navigation aérienne et leur mise en vente en France et à l'Étranger.

www.ingramcontent.com/pod-product-compliance
Ingram Content Group UK Ltd.
Pitfield, Milton Keynes, MK11 3LW, UK
UKHW022111260726
13993UKWH00001B/452